動物たちの スーパー 生き残りバトル

NHK「ダーウィンが来た!」番組スタッフ編

NHK出版

ダーウィンが来た！ 生き残りバトルマップ

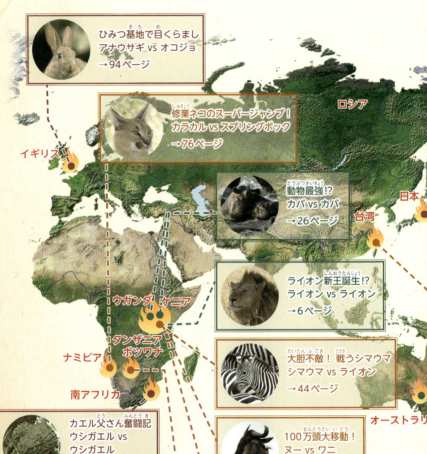

ひみつ基地で目くらまし
アナウサギ vs オコジョ
→94ページ

修業ネコのスーパージャンプ！
カラカル vs スプリングボック
→76ページ

動物最強!?
カバ vs カバ
→26ページ

ライオン新王誕生!?
ライオン vs ライオン
→6ページ

大胆不敵！戦うシマウマ
シマウマ vs ライオン
→44ページ

イギリス
ロシア
日本
台湾
ウガンダ ケニア
タンザニア ボツワナ
ナミビア
南アフリカ
オーストラリ

カエル父さん奮闘記
ウシガエル vs ウシガエル
→110ページ

100万頭大移動！
ヌー vs ワニ
→52ページ

猛牛対百獣の王
バッファロー vs ライオン
→60ページ

強烈ネコパンチ！
サーバル vs ヘビ
→68ページ

動物たちの生き残りバトルがくり広げられる舞台はここ！
世界中から、おどろきのバトルを集めてきましたぞ。

ウランゲル島

極北の戦い
カナダガン vs アカギツネ
→126ページ

カナダ

タカがタカをおそう!?
サシバ vs オオタカ
→102ページ

アメリカ

小さなからだに
大きなひみつ
ジリス vs
ガラガラヘビ
→134ページ

森の王者決定戦！
ヘラクレスオオカブト vs
ネプチューンオオカブト
→16ページ

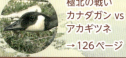

エクアドル

巨大な巣を攻略！
ハチクマ vs スズメバチ
→84ページ

ブラジル

砂漠のスーパーアスリート！
カンガルー vs カンガルー
→34ページ

戦え大家族！
オオカワウソ vs ワニ
→118ページ

もくじ

ヒゲじい
生きもの大好き。
特技はだじゃれ。

生き残りバトルマップ …………… 2

第1章
王者はだれだ？
チャンピオンバトル!!

バトル No.01
ライオン新王 誕生!?
ライオン vs ライオン ……… 6

バトル No.02
森の王者決定戦！
ヘラクレスオオカブト vs
ネプチューンオオカブト …… 16

バトル No.03
動物最強!?
カバ vs カバ ……… 26

バトル No.04
砂漠のスーパーアスリート！
カンガルー vs カンガルー …… 34

ダーウィンが来た！のとっておき！
動物たちの百面相 ……… 42

第2章
食うか のがれるか？
サバイバルバトル!!

バトル No.05
大胆不敵！戦うシマウマ
シマウマ vs ライオン ……… 44

バトル No.06
100万頭大移動！
ヌー vs ワニ ……… 52

バトル No.07
猛牛対百獣の王
バッファロー vs ライオン … 60

バトル No.08
強烈ネコパンチ！
サーバル vs ヘビ ……… 68

バトル No.09
修業ネコのスーパージャンプ！
カラカル vs スプリングボック … 76

バトル No.10
巨大な巣を攻略！
ハチクマ vs スズメバチ …… 84

ダーウィンが来た！のとっておき！
動物の赤ちゃん 大集合！ ……… 92

第3章
親は強し！
子どもを守るバトル!!

バトル No.11
ひみつ基地で目くらまし
アナウサギ vs オコジョ … 94

バトル No.12
タカがタカをおそう!?
サシバ vs オオタカ ……… 102

バトル No.13
カエル父さん奮闘記
ウシガエル vs ウシガエル … 110

バトル No.14
戦え大家族！
オオカワウソ vs ワニ ……… 118

バトル No.15
極北の戦い
カナダガン vs アカギツネ … 126

バトル No.16
小さなからだに大きなひみつ
ジリス vs ガラガラヘビ …… 134

さくいん ……… 142
放送リスト ……… 143

第1章
王者はだれだ？
チャンピオンバトル!!

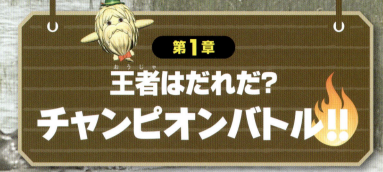

バトル No.1　ライオン新王 誕生!?

ライオン vs ライオン

群れの王を決める、壮絶なバトルですぞ！

アフリカ大陸

タンザニア

セレンゲティ国立公園。ライオンのほかに、シマウマやヌー、カバ、キリンなどがくらす、野生動物の宝庫。

　黒っぽいたてがみのライオンの右あしが、たてがみの色がうすい、まだ若いライオンの顔へふり下ろされました！

　アフリカ・タンザニアのセレンゲティ国立公園は、赤道直下の強い日ざしがてりつける平原です。この地で、群れの王をめぐるバトルがはじまろうとしています！

ライオン
Panthera leo

体長：1.4〜2.5m
尾長：1〜1.2m
体重：120〜250kg

食べもの：シマウマやヌーなどの哺乳類が中心。
特ちょう：群れをつくって生活する。オスにはたてがみがある。

群れの王が死んだ……

バトルのきっかけは、マコマと名づけられた、このあたりでは最大の群れでの事件にあります。7年間も群れを守ってきた王である2頭のオスが、あいついで死んだのです。

マコマの王だったショーンとパトリック。群れを7年間も守りとおした。

ライオンは、ネコのなかまではめずらしく、群れをつくる動物です。群れには、ふつう王が1〜6頭いて、ほかはメスと子どもたち。つまり、おとなのオスは王だけです。王の役目は、なわばりと、群れのメスと子どもたちを守ること。いま、マコマの群れは、メスが25頭と、2歳になる若いオスが2頭だけ。はやく、新しい王をむかえなければなりません。

群れのメンバーは、王（右）とメス（中央）、そしてその子どもたち（左）。

低い声で、近くまでやってきたオスをよぶ、マコマのメス。

新王、大募集！

マコマの群れが、新王の募集をはじめました。群れをもたないオスを、新王にむかえ入れるのです。

マコマのメスたちは、いろいろな場所におしっこをかけてにおいをつけ、オス

いろいろな場所に、おしっこをかけるメス。この行動はマーキングとよばれる。

にメッセージを送ります。そしてオスが近づいてくると、低い声で鳴いて、すがたが見えるところまでよびよせます。 ところが最初にやってきたのは、しょぼしょぼのたてがみのオス。ちょっと弱そうです。 つぎにすがたをあらわしたのは2頭。2頭ならば、1頭よりも強いはず。でも1頭が、あしにけがをしていました。こんなにひどい

しょぼしょぼのたてがみのオスがやってきた。

けがをするというのは、弱い証拠です。
　新王となるオスは、群れを守るために、強くなくてはなりません。この日あらわれたオスたちは、メスのお眼鏡にかないませんでした。

つぎにやってきた2頭(上)。1頭のあしのつけ根から、血が流れ出ていた(↑)。

やってきたオスを観察するメス。なかまはいるか、たてがみはりっぱか、からだは大きいか……チェック項目はたくさんある。

知ってる?

たてがみはオスの強さのあらわれ

　ライオンのオスにはりっぱなたてがみがあります。このたてがみ、メスをひきつける働きがあるようです。どんなたてがみのオスがメスにもてるのでしょう?

たてがみがりっぱなオスライオン。

　ある研究者の実験によると、ふさふさとゆたかなこと以外に、濃い色のたてがみがもてるという結果が出ました。たてがみの色は、オスが自分が強いと自覚すると濃くなり、弱いと感じるとうすくなります。これは、ホルモンのバランスが原因だと考えられています。

2体のぬいぐるみに、それぞれうすい色と濃い色のたてがみをつけておくと(左)、メスは、濃い色のぬいぐるみに興味を示した(右)。

新王の候補があらわれた！

それから3日後。新にまた2頭のオスがやってきました。ふさふさしたたてがみに、きりっとした顔立ちの強そうなライオンです。研究者たちのあいだで、ウィリアムとワレスと名づけられました。

うす茶色のたてがみのウィリアム（左）と、濃い茶色のたてがみのワレス（右）。

メスたちも興味津々。ようすをうかがうためでしょうか。1頭のメスがウィリアムに近づいて、顔に強烈なパンチ！ ウィリアムはおどろいたようでしたが、メスたちに好かれるように、おとなしくされるがまま。こうして新王になるための試験がはじまりました。2頭は、群れのなわばりのなかですごすことをゆるされ、メスたちは、そのようすをじっくり観察するようです。

ウィリアムの顔に、メスがとつぜんパンチ！

ネコ科だけにネコをかぶってメスに好かれたようですな。

なかまと旅する若いオス

群れのメンバーには、王以外のおとなのオスはいません。群れで生まれて成長したオスの子どもは、3歳ぐらいまでに群れを出ていきます。兄弟たちで群れを出て、気の合う2～3頭くらいで旅することになります。旅のあいだは、ほかのライオンのなわばりも通るため、なかまがいないと危険なのです。そして、5歳になるころ、なわばりをもつオスに戦いをいどんだり、ウィリアムとワレスのように、オスがいなくなった群れの募集に応じたりして、自分のなわばりをもつようになります。

群れを出たばかりの若いオス。

男はつらいよ。
あ、これは
寅さんか。

最初の試験は合格!?

2週間後、ある変化が見られました。えものを食べるメスたちにワレスが近づくと、ワレスにも肉があたえられたのです。

それまでウィリアムとワレスは、ハイエナからえものを横どりしたり、食べたあとの皮や骨を拾ったりしていました。それが、群れからえものをわけてもらえるようになりました。群れの食べものをもらえるようになった2頭は、新王へと1歩近づいたといえるかもしれませんね。

しとめたえものは、群れの全員でわけ合って食べる。

メスから肉をわけてもらったワレス。最初の試験は合格したようだ。

前の王の子どもたちは……

なわばりのなかにある岩山。ここに、前の王の子どもたちがかくされていました。まだ生まれて2か月ほどの赤ちゃんです。

どうしてこんな岩山にかくされているのでしょうか？

じつは、ウィリアムとワレスが、少しずつ群れのメスたちにみとめられつつあることと、無関係ではありません。王のいない群れに、新しいオスが入ってくると、オスは前の王の子どもを殺してしまいます。これは「子殺し」とよばれる、ライオンの習性です。そのため、メスはウィリアムとワレスに子どもが見つからないよう、岩山にかくしていたのです。

ある日、ウィリアムが岩山のそばを通りました。そのすがたに、子どもたちといっしょにいたメスは、あわてて子どもをくわえて、べつの場所へ移動していきました。そのようすを、ウィリアムはじっと見つめています。いまは、子どもたちはぶじですが、いずれ殺される運命にあるのです。

なわばりの中の岩山に、前王の子どもたちがかくれていた。

岩山のそばにやってきたウィリアム。

子どもをくわえて、べつの場所へ移そうとするメス。今回はぶじだったが……。

子殺しとは、母ライオンもつらいオン！

ライオン vs ライオン

知ってる？

狩りはメスの仕事

　百獣の王ライオンというと、たてがみをなびかせ、えものを追うすがたを想像するかもしれませんね。でもオスの仕事は、なわばりと、群れのメスや子どもを守ること。からだが大きいため、狩りには向かないのです。

　狩りは、おもにたてがみのないメスの仕事。群れのメスたちで手わけして行います。シマウマやヌーなどの草食動物は、あしが速く、長い時間、走りつづけられます。そのため、狩りにはチームプレーが必要です。

　メスたちは、えものを見つけると、草かげにかくれながら、えものをとりかこむように近づきます。1頭がタイミングを見はからい追いかけると、待ちうけていた1頭が飛びかかり、とどめをさします。いっしょに育ってきた姉妹ならではの、みごとな連係プレーです。

シマウマにしのびよるメス（❶↑）。群れのメスでシマウマをとりかこむと、1頭が追いかける（❷）。走る先へ、待ちうけていたべつの1頭がとびかかり（❸）、しとめた（❹）。

にらみあう2頭。

となりの群れの王がほえかかる!

新王の座を勝ちとるバトル!

　ウィリアムとワレスが群れにやってきてから、1か月。はじめのころはおとなしかった2頭ですが、積極的にメスを追いかけています。メスもいやがりません。王としてみとめられたのでしょうか?

積極的にメスに近づくウィリアム。でも、最後の試練が待っていた!

　いえいえ、ウィリアムに最後の試練が待ちかまえていました。ウィリアムがメスといっしょにいると、メスが低い声で鳴きだしたのです。そう、オスをよぶ声です。そのよびかけに、となりの群れの王がすがたをあらわしました。王になるためには、となりの群れの王からメスを守らなければなりません。となりの群れの王とメスのあいだに立ちふさがるウィリアム!

メスのよびかけにやってきた、となりの群れの王。りっぱなたてがみの強そうなオスだ。

　でも、となりの群れの王は、しつこくメスに近づこうとします。追いすがるウィリアム。となりの群れの王から強烈なパンチを受けても、引きさが

王が右あしをふり上げ……　　　　　ウィリアムめがけ打ちおろした!

りません。メスを守るように、メスのそばにいつづけたほうが勝ちなのです。バトルはなんと、2時間半もつづきましたが、ウィリアムは最後までメスのそばによりそい、勝利を得たのです。

こうして、ウィリアムとワレスは、晴れてマコマの王にむかえ入れられました。メスによってしくまれたバトルで、その強さを証明したのです。

メスに走りよるウィリアム。2時間半ものバトルに勝った!

えものの肉を食べる、王になったウィリアム。

🔥 バトルはつづく…

新王の座を勝ちとったウィリアムとワレス。3か月もたてば、2頭の血をひく子どもたちが生まれてきます。2頭の王としての能力が問われるのはそれからです。子どもたちをたいせつに守り育て、群れを大きくしていかなくてはなりません。群れの未来は、2頭の肩にかかっているのです。

バトル No.2　**森の王者決定戦！**

ヘラクレスオオカブト VS ネプチューンオオカブト

ヘラクレスオオカブト

エクアドル
南アメリカ大陸

南アメリカの熱帯地域には、深いジャングルが広がっている。

中央アメリカから南アメリカの熱帯の深い森にくらす世界最大のカブトムシ、ヘラクレスオオカブト。大きくて長い胸の角と短い頭の角がりっぱです。南アメリカのエクアドルの森にそのすがたを追いました。すると、そこでは、カブトムシどうしの熱いバトルがくり広げられていたのです。

ヘラクレスオオカブト
Dynastes hercules

全長：12～18cm（角をふくむ）
食べもの：樹液

特ちょう：長短2本の角とうすい茶色の前ばねをもつ。前ばねは、湿度が上がると黒くなる。

真の王者はだれだ！

ネプチューンオオカブト

雲霧林の巨大カブトムシ

　南アメリカの熱帯の山地に広がるジャングルは、湿度が高くて雨が多く、霧や雲がいつもかかっているので「雲霧林」とよばれています。こうした森のなかに、大型のカブトムシがたくさんすんでいます。

　雲霧林のなかでも、山の高いところには世界で第２位の大きさのネプチューンオオカブト、低いところにはゾウカブトのなかまといったように、山の高さですみわけをしています。ヘラクレスオオカブトは、低い場所から高い場所にかけてくらしています。木の上でカブトムシどうしが出くわしたら、バトル開始です。

ヘラクレスオオカブトは標高が高いところにいるほうが大型になる。

バトル開始！

深い森のなか、1本の木の枝の上で2種類の大型カブトムシが出会いました。世界最大のカブトムシ、ヘラクレスオオカブトと、第2位の

ヘラクレスオオカブト（右）とネプチューンオオカブト（左）が出会った。バトルの開始か!?

ネプチューンオオカブトです。ヘラクレスオオカブトは2本の角を低くかまえ、ネプチューンオオカブトは2本の大きな角と短い2本の角をふりかざします。勝負は、どちらかが枝から落とされるか、にげ出すまでつづきます。

にらみ合いのあと、ヘラクレスオオカブトが一歩進むと、迫力に負けたのか、ネプチューンオオカブトは後ずさりします。その一瞬のすきをついて、ヘラクレスがタックル。ネプチューンのからだを、横から2本の角ではさみ、エイヤッともち上げてふりまわしました。ネプチューンも力強いあしで、がしっと木の枝をつかみますが、こらえきれずにふり落とされてしまいました。

ひげが
あったほうが
強いですと!?

ヘラクレスオオカブトの強さのひみつは、この角に生えた毛だった。毛がすべり止めになって、もち上げた相手のからだをはなさない。

ヘラクレスオオカブト VS ヘラクレスオオカブト

　ヘラクレスオオカブトどうしが出会ってもバトルははじまります。争うのはオスたち。食べものの場所やメスをめぐって、戦うのです。

　ヘラクレスオオカブトどうしの戦いも、どちらかがにげ出すか、相手をふり落とすまでつづきます。

　どうやらこのヘラクレスオオカブトどうしの実力は、同じくらいのようです。右のヘラクレスがぐいっと力でおしていきますが、左のヘラクレスは、あしをふんばってこらえ、勝負は枝の裏側へと場所を移しました。それでも勝負はもつれこんで決まりません。

にらみあって……

大きな角ではさもうと突進！

角の力が強いほうが勝つの！

枝の下側にまでもつれこんでも決まらない。

ヘラクレスオオカブト VS ネプチューンオオカブト

しきりなおし！

強い力でしめ上げられてギブアップ！

ふたたび枝の上で向かい合って、もう一度正面からぶつかり合います。今度は左のヘラクレスが猛烈な突進！ 大きな角ではさんでもち上げました！ これには右のヘラクレスも戦意喪失。勝負が決まりました。

巨大カブトムシベスト10！

知ってる？

パンパカパーン！ 世界のカブトムシ・大きさ（全長）ベスト10を発表します。順位は右の表のとおり。アジアから2種類。そのほかは中央・南アメリカ出身です。

1	ヘラクレス オオカブト (中南米)	6	ゾウカブト (中米)
2	ネプチューン オオカブト (南米)	7	ヤヌス ゾウカブト (南米)
3	マルス ゾウカブト (南米)	8	ギアス ゾウカブト (南米)
4	アクタエオン ゾウカブト (中南米)	9	サタン オオカブト (南米)
5	コーカサス オオカブト (アジア)	10	モーレンカンプ オオカブト (アジア)

第3位のマルスゾウカブト（左）は全長約14cm。4位のアクタエオンゾウカブト（上）は全長約13.5cmにもなる。

カブトムシ(右)は2本の角、ノコギリクワガタ(左)は、のこぎりのような大あごをもつ。

カブトムシ vs クワガタムシ

　ここで、日本の森に目を向けてみましょう。日本でもカブトムシは昆虫の王者。しかし、南アメリカにはいないライバルが日本の森にはいるのです。それはクワガタムシ。日本のカブトムシは先のほうがわかれた長い角と、短い角が特ちょう。クワガタムシは、2本の長い大あごが特ちょうです。じつは角のように見えるのは、口の一部が変化した大あごなのです。

　深夜の森で、カブトムシとクワガタムシの1種・ノコギリクワガタが出会いました。カブトムシは長い角でノコギリクワガタをはじきとばそうとし、ノコギリクワガタは、カブトムシをはさんで投げとばそうとします。

　勝負は一瞬！　カブトムシが長い角を低くかまえ、大あごをふりかざすノコギリクワガタのからだの下に差しこむと、一気にもち上げ、投げとばしました。

樹液の前で向かい合うカブトムシとノコギリクワガタ。

さっと大きな角を下げ……

ノコギリクワガタの下に、ぐっと角を差しこんだ！

一気にもち上げ……

か〜！ぶっとい角じゃのう。

エイッと投げとばす！

カブトムシのパワーくらべ

カブトムシとノコギリクワガタの勝負では、たいていはカブトムシが勝ちます。カブトムシのほうが、からだが大きく力が強いからです。カブトムシとノコギリクワガタの力の差はどれくらいあるのか、特別な機械ではかってみました。すると、カブトムシが角でもち上げる力は1070g。ノコギリクワガタが大あごではさむ力は921gと、カブトムシのほうがやはり力もち。小さなからだで1kgのものをもち上げるなんておどろきです。

カブトムシにパワーでは負けてしまうノコギリクワガタですが、カブトムシの技が角でもち上げる

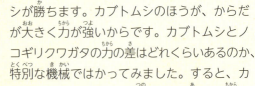

金具をおし上げる力をはかりに伝える機械(上)。カブトムシは力もち(中)、ノコギリクワガタもなかなか(下)。

知ってる?

樹液は昆虫のレストラン

カブトムシは、食べものである樹液をとり合って戦うことがよくあります。樹液とは、カミキリムシなどが木に傷つけたところからしみ出る液。チョウやハチ、カナブンなど、さまざまな昆虫の大好物です。

樹液には、ノコギリクワガタやオオムラサキ、アオカナブンも集まる。

ヘラクレスオオカブト VS
ネプチューンオオカブト

だけなのに対し、ノコギリクワガタは多彩な技をもっています。そのうちの代表的な3つを紹介しましょう。

まずは大あごで相手をはさみ、もち上げて投げる技。まるで「上手投げ」です。よく使う技がこれ。つぎは、大あごを相手のからだの下に差し入れ、もち上げて投げる「下手投げ」。最後は相手の大あごを、自分の大あごではさんで、引っかけるように投げる「挟み投げ」。こうした技で、クワガタムシどうしの戦いだけではなく、カブトムシに勝つことだってあります。

上手投げ

下手投げ

挟み投げ

ノコギリクワガタの多彩な技。

🔥 バトルはつづく…

カブトムシやクワガタムシが戦うのは、食べものやメスをめぐってのことです。とはいえ、カブトムシのオスどうしの戦いの場合、角の大きさをくらべ合って、小さいほうがすごすごとにげ出してしまうこともあります。
むやみな戦いはさけて、けがをしない平和な勝負もあるのです。

バトル No.3 動物最強!?
カバ vs カバ

大きな口をかばっと開けていざ勝負!

アフリカ大陸
ウガンダ　ケニア

世界で唯一、カバの水中でのようすを撮影できるケニアのツァボ国立公園(右)と世界一カバが多いウガンダのクイーン・エリザベス国立公園(左)。

　カバのオスどうしが、きばをむき出して大激突!　どうやらなわばり争いのようです。
　カバの水中でのくらしと、なわばりをめぐるオスどうしの争いを、ケニアとウガンダの水辺で追いました。すると、おとなしそうな印象のカバの、ほんとうのすがたが見えてきました。

カバ
Hippopotamus amphibius

体長：3.5〜4m
体高：1.4〜1.65m
体重：2〜3.2t(トン)

食べもの：草、木の根や葉。
特ちょう：1日の大半を、水中ですごす。陸上動物では、ゾウについで大きい。

水中でのくらし

ケニアのツァボ国立公園にあるムジマの泉。ここは水がきれいなので、カバの水中でのくらしを観察できる世界でただ１つの場所。長さ500ｍほどの細長い泉です。

１日のほとんどを水のなかですごすカバ。

いました、カバの群れです。この群れは、１頭のオスと７頭のメス、そして２頭の子どものぜんぶで10頭。少し上につき出ている目と鼻と耳

鼻の穴を開いて（左）、閉じる（右）。

だけが水の上にのぞいています。ちょっと顔を出すだけで、息つぎもでき、まわりに注意をはらうこともできます。さらに鼻の穴を、自在に閉じたり開いたりできるので、もぐっても、鼻に水が入りません。便利ですね。

さあ、さっそく水のなかをのぞいてみましょう。とてもきれいな泉ですね。カバが泳いで……あれ、水の底を歩いています。じつはカバはあまり泳ぎがとくいではありません。こうして水のなかも歩いて移動するのです。底に、カバが歩く道ができています。いつも同じところを歩くので、そこだけ藻が生えないのだそうです。

底を歩くカバ（左）と、カバが歩いてできた道（右↑）。

カバが動きだす時間

　昼間の暑い時間帯、カバたちは群れで集まってほとんど動きませんでした。体温調節をするための汗をかく器官がないので、体温が上がらないよう、じっとしているのです。

　では、食事はどうしているのかというと、夜、すずしくなってから、数kmはなれた草地へいきます。カバは1日に50kgも草を食べるので、水辺近くの草ばかりを食べているわけにはいきません。ときには10kmも歩いていくこともあります。

日中は群れで集まって、じっとしている。動くのは息つぎのときぐらい。

夜になって、食べものの草のある場所までやってきた。

知ってる?

カバのお肌は乾燥が大敵

　カバは、皮膚の表面がとてもうすく、毛も生えていません。そのため陸地に上がると、すぐに水分が蒸発していってしまいます。乾いたままにしておくと、皮膚がさけて、水分はますます蒸発し、脱水症状を引きおこすこともあります。そのため、日ざしのある昼間は水のなかですごし、夜に活動します。

水から上がったばかりの皮膚は水分をじゅうぶんふくんでいても(左)、すぐに乾燥しはじめ、しまいに皮膚が割れてしまう(右)。

カバ VS カバ

　水辺で草を食べているカバたち。そこへ、ライオンの群れがやってきました。ライオンも夜に活動する夜行性の動物。からだの大きなカバにとっても、危険な肉食動物です。
　一触即発の緊張の瞬間。ライオンの動きがとまりました。あ、すかさずカバたちがにげ出します。のんびり見えるカバですが、100mを10秒で走ることができます。オリンピックの短距離選手のようなスピードですね。

カバをねらってライオンがやってきた。

泉をゆたかにするカバの……

　つぎの朝、食事から帰ってきたカバたちが、ゆっくりと泉のなかを歩いています。カバのあとをついて泳ぐ魚がたくさん。よく見るとおしりのあたりでなにか食べているように見えますが……。じつは魚たちは、カバのふんを食べているのです。泉の水は栄養分がとぼしいため、陸地でたくさんの草を食べるカバのふんは、魚にとって貴重な食料になるのです。

ふんをするカバの後ろをついて泳ぐ魚たち。

　カバがふんをすると、魚がそれを食べて増えていきます。その魚を食べる鳥などの動物も食べものに困らなくなります。カバからはじまる、泉をゆたかにするつながり〝命の輪〟がここにはあるのですね。

大きな口を開けぶつかる2頭!

ガバッ
ガバッ
きばをむき出し……

なわばり争い

ムジマの泉では、1つの群れがのんびりくらしていましたが、5000頭ものカバが600の群れをつくってくらす、ここウガンダのクイーン・エリ

クイーン・エリザベス国立公園のカバたち。

ザベス国立公園では、どんなようすなのでしょうか?

長さ40kmの水路に、たくさんのカバがひしめき合っています。

おや、ある群れのなわばりのなかに、若いオスが入ってきました。群れのメスを横どりしようとねらっています。群れをまとめる主のオスが気づきました。ものすごいいきおいで、若いオスに近づいていきます。

群れのメスとなわばりをめぐってバトルがはじまりました! たがいに大きな口で、相手をおどかします。どちらも、一歩もゆずりません。大きなきばを見せながら、顔を相手にぶつけ合っています。

群れに入りこんできた若いオス(↑)。若いオスに近づく群れの主(↑)。

若いオス(右)に打ちつけた！

若いオス(↑)はおされ気味だ。

群れの主のきばが、若いオスに打ちつけられました。若いオスはおされ気味です。とうとうおしりを向けてしっぽをふりだしました。降参の合図です。群れの主、がっちりと群れを守りました！

しっぽをふって、降参。若いオスは、猛ダッシュでにげていった。

　群れを乗っとったオスは、子どもたちを殺してしまうこともあります。群れの主は、メスだけでなく、子どもたちも守るため、力のかぎり戦いぬいたのです。

　それにしても、オスの戦いぶりは、意外にもとてもはげしいものでした。なわばりを守るという使命感でしょうか。子どもをねらうワニがあらわれたときは、群れの全員で、ワニをとらえてほうり投げることもあるといいます。じつはおっとり見えるカバも、けっこうあらあらしい面をもちあわせているのですね。

群れ全員でワニをとらえ、追いはらった。

お母さんもがんばれ！

　一方、ムジマの泉では、群れに2頭いたはずの子どものすがたが、1頭しか見当たりません。泉には、ナイルワニもくらしています。ワニに食べられてしまったのかもしれません。平和に見えますが、ここにも危険はひそんでいます。

　あ、またワニがやってきました。1頭で遊んでいた子どもに近づいていきます。

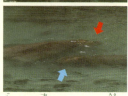
子どもを追ってきたワニ（上）。子ども（下↑）を守る母親（↑）。

子どもがワニに気づき、急いでお母さんのいる群れのほうににげていきます。ところがこのワニ、大胆にも子どもを追って、群れに近づいていきます。よかった、お母さんがワニの前に立ちはだかりました。さすがのワニもおとなのカバを、おそうことはできません。

知ってる？

かむ力はピカー！

　「ダーウィンが来た！」ではさまざまな動物のかむ力をはかってきましたが、もちろんカバも調べました。これまでは、ワニが0.9kN（キロニュートン、重さをはかる単位の1つ）、ヒグマは1.1kN、トラは1.3kN。そして最高記録はワニガメの3kNでした。

　そしてカバは、なんと出ました4.7kN！「ダーウィンが来た！」史上1位！最高記録更新です。

動物園のカバでは、4.7kNを記録。

なんと！バカカですな。あれ？カバカ？

楽園ふたたび……

じつはここムジマには、カバの群れは1つしかありません。しかも、もともとこの泉にいた群れではないのだそうです。

2008年から数年間、大干ばつがつづきました。湧き水が豊富なムジマの泉ですが、この干ばつで、まわりの草がかれはててしまい、ゾウやキリン、シマウマといった草食動物はつぎつぎに死んでいきました。カバも例外ではありませんでした。ムジマの泉には6つの群れがありましたが、1つも残らず、全滅してしまったのです。

干ばつで多くの動物が死んでしまった（上）。
ムジマの群れの子ども（下）。

いまいる群れは、この干ばつのあと、草を求めてまよいこんできたのだそうです。カバがもどってきたことで、水辺にくらす生きもののすがたも、以前の状態にもどりつつあるといいます。ムジマの泉の命の輪を支えるカバたち。この10頭の群れは、ムジマの泉という楽園が復活するための、希望の光なのです。

バトルはつづく…

おっとりのんびり見えるカバですが、
ひとたび危険がおそいかかってくると、意外にも
果敢に立ち向かうすがたを見ることができました。
群れを守るためにはげしく戦うカバ。強さのひみつは
家族を守るやさしさにあるのかもしれませんね。

バトル No.4 砂漠のスーパーアスリート！

カンガルー VS カンガルー

はっけよい！残った！

オーストラリア

オーストラリアの内陸部に位置するスタート国立公園。赤い砂利におおわれた灼熱の大地だ。

　2頭のカンガルーのオスが、けわしい顔で見合っています。さあ、大一番がはじまります！　どちらも強そう。勝負のゆくえはいかに!?
　日中の気温は40℃、地面の温度は50℃をこえる灼熱の大地、オーストラリア・スタート国立公園で、カンガルーのオスたちの、メスをめぐるバトルを追います！

アカカンガルー
Macropus rufus

体長：100〜115cm
尾長：65〜100cm
体重：オスの平均66kg
　　　メスの平均26.5kg

食べもの：イネ科などの草。
特ちょう：からだの色は、オスが赤褐色、メスは灰色。太くて長い尾、大きな後ろあしをもつ。

走れ！走れ！

アカカンガルーは、オーストラリアのほぼ全土にくらすカンガルーです。カンガルーのなかまでは、もっともからだが大きくなる種類です。

後ろあしをそろえたジャンプで走るカンガルー。

おや、向こうからものすごい勢いで走ってくるのは……アカンガルーです。後ろあしをそろえてジャンプしながら近づいてきます。前あしは地面につきません。すごい歩幅です。

人間は2本あしで歩きますが、カンガルーのようにジャンプして進んだら、すぐにつかれてしまいます。でも、カンガルーはつかれないようなのです。あしのつくりが人間とちがい、ふくらはぎの筋肉とかかとをつなぐアキレス腱がとても長いので、省エネジャンプができるといいます。ジャンプするときのアキレス腱の動きを見てみましょう。かかとが地面につくと、アキレス腱が引っぱられてのびます。のびたアキレス腱がちぢむとき、つま先が地面をけってジャンプするので、筋肉をあまり使わずにすむのです。

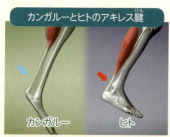
カンガルーとヒトのアキレス腱

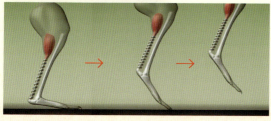
カンガルー（上⬆）とヒトのアキレス腱（上⬆）。カンガルーは、アキレス腱がのびちぢみする力でジャンプする（左）。

5本目のあし

ダイナミックなアカカンガルーのジャンプ。でも、長くて太いしっぽは、ジャンプのじゃまにならないのでしょうか？

ジャンプをしているようすを見てみましょう。しっぽは着地したあと、ふりおろし、空中ではふり上げています。しっぽは、バランスをとる役割をはたしているのです。

しっぽの役割はほかにもあります。歩くときは前あしと後ろあしを順に出して進みますが、後ろあしを前に出すとき、しっぽも支えにします。また休むときは、しっぽによりかかるようにして後ろあしで立ちます。しっぽはからだの支えとしてたよりになるのです。まさしく、5本目のあしですね。

尾でバランスをとって、大ジャンプ。走り幅とびの選手のようだ。

後ろあしを前に出すときに、尾はつえのように支えとなる。

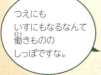

つえにもいすにもなるなんて働きもののしっぽですな。

カンガルー VS カンガルー

メスとの出会い

　砂漠を走りまわるアカカンガルーのオスが、立ち止まりました。行く手にべつのカンガルー。メスです。からだが小さく、灰色っぽいので区別がつきます。食べものの草が少ない時期にはメスたちは群れをつくらず、ばらばらに行動しているので、オスはなかなか出会えません。おなかのふくろには、子どももいるようです。

左がメスで右がオス（上）。メスのおなかには子どもがいた（下）。

知ってる?

カンガルーのなかま

　カンガルーのなかまは、42種類もいます。カンガルーというと、草原をかけめぐるすがたを思いうかべますが、じつは森のなかでくらすものがほとんどです。海や湖のそばにくらすオオカンガルーや湿地でくらすアカハラヤブワラビー。シマオイワワラビーは岩場をとびまわるのがとくいです。木の上にくらすのは、キノボリカンガルー。くらす場所もすがたもさまざまですね。

❶オオカンガルー
❷アカハラヤブワラビー
❸シマオイワワラビー
❹キノボリカンガルー

前あしをがっしと組みあった！

パンチの応しゅうだ！

バトル開始！

　オスがメスに近づき、においをかぎます。繁殖できるかどうか、においでわかるのです。どうやら、繁殖できるメスだったようです。メスが走り出しました。その先に、べつのオスがいます。最初のオスは、後ろあしで立ち上がり、からだを大きく見せようとしているのか、ボディービルのようなポーズを決めます。たくましいからだ！

筋肉のもり上がりを見せつけるようなポーズで挑戦表明。

強そうです。どうやらメスをめぐって、バトルがはじまるようです。相撲の立ち合いのように、両者とも前あしをついて構えます。はっけよい！　残った！

　立ちあがってパンチをくり出す2頭。パンチが当たらないように、頭をそらしています。あ、1頭がしっぽだけで立って……

立ち合いで、タイミングをはかっているようだ。

右のオスが後ろあしを上げた!?

両あしキック炸裂!

後ろあしをそろえてキックしました! これは痛そう。勝負は、あとからあらわれたオスに軍配が上がりました。負けたオスは、いさぎよく去っていきました。

バトルのあいだ、のんびり草を食べるメス。

勝ったオスは、やれやれとメスに近づきます。ところがメスはまた走り出しました。そこにはまたべつのオス。ふたたびバトルがはじまります。こうしてメスは、強いオスをえらんで、パートナーにします。何度も戦わなければならないオスは、たいへんですね。

パートナーはかんるがるーしくえらべないというわけですな。

2度目の対戦では、後ろあしキックも決め手にならず、スタミナ勝負となった。

ようやくプロポーズ

2度目のバトルが終わって、メスはようやくオスのプロポーズを受けました。プロポーズの合図でも、しっぽが重要な役割をはたします。オスがメスに近づいて、そっとメスのしっぽをつかみます。するとメスは、それにこたえるように、オスの背中にふれました。カップル成立です。がんばって戦いぬいたかいがありましたね。

メスのしっぽをつかむオス（上）。オスの背中にふれるメス（下）。

知ってる？

休けい中のカンガルー

カンガルーのこんなすがた、見たことありますか？ なんだか、テレビを見ているお父さんのようですね。走りまわってつかれると、地面をほって、その上に横になるのです。日中、地面の温度は50℃以上になりますが、穴をほると20℃近くも下がるのだそうです。暑い昼間、こうしてすずんでいるのですね。

あらー、親近感のわくこのすがた。おつかれですな。

休けい中のカンガルー。

カンガルー VS カンガルー

大きなからだが命とりに……？

　アカカンガルーのオスは、メスにくらべて体重が4倍近くになることもめずらしくありません。アスリートのような大きなからだでメスをめぐるバトルに勝って、ようやく自分の子孫を残せます。

　ところが、この大きなからだが命とりになることもあります。オーストラリアの大地は、しばしば干ばつに見舞われてきました。オスはからだが大きい分、食べる量も多いため、食べものの草がかれると飢え死にすることがあるのです。2006～2007年にもひどい干ばつがあり、スタート国立公園では、アカカンガルーの数が半分に減ったといいます。大きなオスは、6割も飢え死にしました。

　赤い砂利の砂漠をかけぬけ、きびしい気候の大地を生きぬくそのすがた、その光景は、いつまでも失いたくないものですね。

通常より雨が非常に少ない干ばつが起こると、草木がかれていく（上）。干ばつで飢え死にしたアカカンガルーの骨がちらばる（下）。

🔥 バトルはつづく…

メスをめぐって戦いつづけるアカカンガルーのオス。
大きくたくましいからだで、メスをさがし、ライバルを
打ちたおすすがたは、まるでアスリートのよう。
勝ったオスも、負けたオスも、べつのメスに出会うため、
ふたたび広大な砂漠へとかけ出していきました。

のとっておき！

動物たちの百面相

　戦う動物たちは、きばをむいていたり、目を見開いていたり、ちょっとこわい顔をしていますね。ほかにもおどろいて見えたり、笑って見えたり、意外にゆたかな表情が見られて、おもしろいですよ！

ちょっとおつかれのようす。カンガルーは、よくこうやって休けいします。

子育て中のお母さんライオン。ちょっとねむくなったみたい。

カバの大あくび。こんなに大きく口が開くなんて、すごいですね。

どろあびをして気持ちよさそうなバッファロー。どろパックのようですね。

えものをねらう真剣な顔。前を見すえて、えものにとびかかろうとするアカギツネ。

不意にあらわれたワニに、おどろいた顔のオオカワウソ。はっと息をのんだよう。

第2章
食うか のがれるか?
サバイバルバトル!!

バトル No.5 大胆不敵！戦うシマウマ
シマウマ vs ライオン

あやうし！シマウマ！

ケニアのマサイマラ国立保護区とタンザニアのセレンゲティ国立公園では、年2回、草食動物が大移動をくりかえす。

シマウマの群れにおそいかかるライオン！　1頭の若いシマウマの背中にとびつきました。絶体絶命のピンチに、シマウマはおどろきの奇策で対抗します。

ケニアとタンザニアにまたがる大平原をかけめぐるシマウマたち。生き残りをかけ、大胆不敵なバトルにいどみます！

サバンナシマウマ
Equus quagga

体長：2.2〜2.5m
体高：1〜1.3m
体重：175〜322kg

食べもの：おもにイネのなかまの草。
特ちょう：白と黒のしまもようをもつ。家族単位の群れをつくる。

草を求めて大移動

大移動をするのは、ヌーがおよそ100万頭、シマウマは20万頭ほど。

12月、タンザニアのセレンゲティは雨季をむかえました。ケニア側のマサイマラから、ヌーやシマウマの大群がやってきます。その道のりは700〜800km。こんな長距離を移動するのは、セレンゲティの草が赤ちゃんにいいからだと考えられています。大昔に、近くの火山が噴火し、ふり積もった火山灰のおかげで、セレンゲティの土は、ミネラルという栄養分が豊富なのです。

その道中では、ライオンやワニがどこで待ちぶせているかわかりません。セレンゲティに着いてからも、生まれたばかりの赤ちゃんをねらう肉食動物もいます。それでも、シマウマとヌーの群れは、セレンゲティめざし、やってくるのです。

知ってる?

家族群れと独身群れ

大移動のときは、約1万頭ずつの大群をつくって移動するシマウマですが、ふだんは、小さな群れでくらしています。この小さな群れには2種類あって、1頭のオスを中心に、数頭のメスとその子どもたちがメンバーの「家族群れ」と、独身のオスだけの「独身群れ」です。独身群れでは、まだ家族をもたない若いオスや、家族を手放した年老いたオスがいっしょにくらします。

大きな群れのようだが、色わけすると5〜10頭の小さな群れの集まりとわかる。

水場のバトル!

シマウマは乾きに弱く、1日に1回は、必ず水を飲まなければなりません。水場は、肉食動物にとって、うってつけの待ちぶせ場所です。

群れで水場におりてきたシマウマ。あたりに生きものは見当たりません。安心して水を飲んでいると、水のなかからワニが! とっさに首をふり上げ、にげ出すことができました。

水のなかにかくれていたワニ(↑)。水中に引きこまれたら、おわりだ。

またべつの水場では、ライオンがやぶにひそんでいました。水につかって一息ついていたシマウマに、すかさずとびかかります。首にかみつき、しとめたかに見えたとき、シマウマが反撃! ライオンをおしたおしました。とうとうライオンをふりきり、脱出に成功。みごとに切りかえしたシマウマの勝利です!

にげ遅れた1頭にかみつくライオン(上)。ところが、シマウマが底力を見せ、ライオンをおぼれさせようとした(中、下)。

シマウマがライオンにウマ乗りですと!?

セレンゲティに到着

ライオンにつかまったシマウマ。

長旅は、どこにいても危険ととなりあわせです。いつでも肉食動物からにげられるとはかぎりません。群れからはぐれた1頭が、とうとうライオンにつかまってしまいました。このシマウマは不運でしたが、ライオンも生きるため、ほかの動物をつかまえなければなりません。これも自然のおきて、しかたがないことです。

マサイマラを出発してから1か月以上。数々の困難をこえて、ヌーとシマウマの群れは、ようやくセレンゲティに到着します。

知ってる?

しまもようでライオンもとまどう!?

シマウマのしまもようは、人間の指紋のように、1頭ごとにちがいます。家族同士でもようを覚えていて、ちゃんと見わけているといいます。

しかし、この白と黒のしまもよう、草原のなかでは目立ってしまいます。シマウマにとって、どんな利点があるのでしょうか？じつはこれ、群れで集まったときに効果を発揮します。しまもようが重なると、全体がしましまのかたまりに見えて、1頭だけを見わけるのはむずかしいという説があるのです。ライオンは、1頭にねらいをしぼらないと、攻撃をしかけられません。シマウマの群れを目にしながら、指をくわえているしかないというわけです。

シマウマが重なると、1頭ごとの輪郭が見わけにくくなると考えられる。

ライオンもたじたじ!? シマウマの攻撃

セレンゲティにたどりつくと、数日のうちに、シマウマの大群は家族群れと独身群れの小さな群れにわかれます。家族群れの家族はいつもいっしょに行動してなかよく見えますが、独身群れの若いオスたちは、しょっちゅうけんかをしています。相手の首やあしにかみついたり、ひざをついたところをおしたおしたり、後ろあしでけり上げたり……はげしく組みあいます。けがでもしないか心配になりますが、このけんかのなかでとび出す技が、自分の身を助けることもあるようです。

相手のあしにかみついて、おしたおしたり(上)、後ろげりを見舞ったり(下)と、多彩な技。

水場からもどってくるシマウマの群れ。草むらで待ちぶせするライオンに、気づいていないようです。静かにタイミングをはかるライオン。一気にかけより、1頭に追いつきました。するどい爪が背中にかかり……あ、シマウマの後ろあしがライオンの腹をけりあげ、ふるい落としました！ シマウマの後ろげりには、ライオンもたじたじです。その威力は、けられたライオンが死ぬこともあるほど。にげるばかりかと思っていたシマウマに、こんなに強力な武器があったとは、おどろきですね。

草むらで待ちぶせするライオン。

若いオス、けんかのわけ

雨季のあいだ、多くの家族群れで赤ちゃんが誕生します。赤ちゃんはいつもお母さんといっしょ。ぴったりよりそっています。肉食動物が、小さな赤ちゃんをねらってやってくるからです。

生まれたばかりの赤ちゃんシマウマ。母親がぴったりそばによりそっている。

チーターがあらわれました。家族群れは子どもをかばって、チーターから遠ざかりますが、独身群れの若いオスたちは、チーターに近よります。1頭が走り出しました。

チーターを追いはらう若いオス。

そして、チーターを追いまわし、群れから遠ざけました。

なかまとけんかをくりかえすことで、ものすごいパワーと技を身につけた若いオス。じつはけんかをするのにはわけがあります。いずれ

知ってる?

草食動物なのに犬歯がある!?

サバンナシマウマのオスには、前歯にとがった歯「犬歯」があります。肉食動物の犬歯には、えものをしとめたり、肉を切りさいたりする働きがあります。シマウマは肉食ではありませんが、家族群れを、ライバルのほかのオスから守らなければならないため、犬歯が発達したと考えられます。

メス(左)とオス(右)の歯。オスには犬歯がある(↑)。

シマウマ VS ライオン

自分の家族群れをもつために、若いオスどうし、戦いの特訓をしているのです。家族群れをもつには、家族群れをもつオスに戦いをいどんで勝ちとるか、家族群れにいるまだ独身のメスと結婚して新しい家族群れをつくるしかありません。

メスから後ろげりを受けたオス。

ある日、草を食べる若いメスに、若いオスが近づきました。ところがメスはにげだします。追いかけていくと、後ろげりを受けてしまいました。嫌われてしまったようです。

こちらでは、「むすめはわたさん！」と

メスの父親（左）に組みつくオス（右）。

ばかりに、メスのお父さんがわって入ります。ここで強さを示さなければ、メスに気に入られません。お父さんの首やあしをねらって、体当たり。負けたら家族群れをうばわれてしまうので、お父さんだって負けられません。百戦錬磨のお父さんが、おしています。

と、そこへむすめが近づきました。果敢に戦う、この若いオスが気に入ったようです。こうして、新しい家族群れが誕生しました。

意外と気のあらいシマウマ。大胆不敵な行動は、群れを守るという強い使命感のあらわれだったのです。

バトルはつづく…

自分の家族群れをもった若いオス。メスのお父さんとのバトルでは、勝つ必要はありませんでしたが、若いメスを得て、これからは勝ちつづけなければ、家族群れを守れません。けんかできたえたパワーで、ライオンなどの肉食動物からも、ライバルのオスからも、だいじな家族を守っていくことでしょう。

バトル No.6 **100万頭大移動！**

ヌー vs ワニ

ぬう！ワニにおそわれるわに！

アフリカ大陸
ケニア
タンザニア

野生動物の宝庫、セレンゲティ国立公園。日本の四季のようなはっきりした季節はなく、雨季と乾季をくりかえす。

　まもなく雨季に入るタンザニアのセレンゲティ。ケニアのマサイマラからやってくるヌーの大群を待ちかまえるのは、増水したマラ川。流れに逆らうように渡るヌーに、ワニがおそいかかります！
　ゆたかな緑を求めて大移動をくりかえすヌーの群れを大追跡です！

オグロヌー
Connochaetes taurinus

体長：1.7〜2.4m
体重：140〜290kg
食べもの：おもにイネのなかまの草。

特ちょう：アフリカの大型のウシのなかま。別名ウシカモシカともよばれ、ウシとカモシカを合わせたようなからだ。

赤ちゃんを守れ！

2月。セレンゲティでは、ヌーの出産シーズンをむかえていました。毎年40万頭もの赤ちゃんが生まれるので、この時期のヌーは、ぜんぶで150万頭ほどにもなるといわれています。

赤ちゃんをつけねらうジャッカル。あしにかみつこうと、すきをうかがう。

ヌーの赤ちゃんは、生まれて5分ほどで歩き出します。生まれたばかりの赤ちゃんをねらって、群れにつきまとう肉食動物がいるからです。

たいへん！ ジャッカルがあらわれました。赤ちゃんのまわりをうろついて、かみつこうとしています。

ほかのお母さんヌーたちが、ジャッカルを追いたてて、群れから遠ざけた。

何度も手を出すしつこいジャッカル。そこへ、群れのお母さんヌーたちがいっせいにおそいかかりました。はげしく首をふって、ジャッカルを追いたてます。とうとうジャッカルはにげていきました。

こちらの子どもは、お母さんとはぐれてしまったようです。必死にお母さんをさがしています。この時期の子どもは、まだお母さんのお乳を飲んでいます。もしも、このままお母さんを見つけ出せなければ、肉食動物におそわれるか、飢えのために死んでしまうでしょう。大きな群れでは、このような悲しいできごともおこってしまうのです。

お母さんとはぐれてしまった子ども。

子どもにも ぬぅーっと角が のびました。

生まれて3か月のヌーの子ども（手前）。小さな角が生えてきた。

雨を追いかけて……

ヌーは、青々とした草が大好物。雨季のセレンゲティでは、雨がふった先から新芽がのびてくるので、ヌーは、雨を追うように小さな移動をくりかえします。草がどんどん生えるこの時期、子どもたちはたくさん食べて、すくすくと育っていきます。

5月。生まれて3か月ほどたったヌーの子どもは角ものび、ヌーらしくなってきました。子どもの角は、まだまっすぐです。

季節はそろそろ乾季に入ろうとしています。セレンゲティでは、乾季にはほとんど雨がふりません。食べる草がなくなるので、シマウマと同じようにヌーも、乾季でも雨がふるケニアのマサイマラへ移動します。子どもたちも700〜800kmを歩かなければなりません。

マサイマラへの大移動。

土けむり作戦!?

　大移動のあいだも油断はできません。チーターやライオンが、ヌーやシマウマの群れを待ちかまえています。これに対抗するには、ヌーのこの大群が役に立ちます。ライオンが群れの1頭にねらいを定め、走ってきました。おどろいて走り出すヌーの群れ。ものすごい土けむりです。もうもうと上がる土けむりにヌーのすがたはかくされ、ライオンもなすすべなしです。

ヌーをねらうライオン（上）。群れが気づいて走り出すと、土けむりが巻き上がり、ヌーのすがたをかくした（下）。

知ってる?

用心深いヌー

　ヌーの大移動を見ると、大きな群れなのに、ほとんど1列で歩いているように見えます。前のヌーが歩いたあとをついていけば安全というわけです。それでは1番前はというと、なんとシマウマです。

シマウマについていくヌーの群れ。

危険な先頭をシマウマにまかせて、ほんとうに用心深いことです。でも、シマウマにもいいことがあります。ヌーの大群といっしょなら、群れにまぎれて目立たなくなるので、肉食動物におそわれにくくなるのです。
　同じ草原に生きる草食動物どうし、もちつもたれつですね。

乾季のマサイマラ

マラ川でくらす巨大ワニ。おとなのヌーもおそって食べる。

　セレンゲティとマサイマラのあいだには、マラ川という、大きな難関が立ちはだかっています。乾季のこの時期は、まだ水かさはさほどではありませんが、子どもを連れたヌーの群れは、大きく回り道をしても、浅い場所をさがして渡っていきます。マラ川にはワニもいるので、深いところでは、子どもがワニに食べられたり、流されたりしてしまうからです。

　なんとかマラ川をこえると、マサイマラに到着です。マサイマラでは、乾季も雨がふるため、ヌーたちは、小さな移動をくりかえして、芽を出したばかりの若い草をたっぷり食べることができます。こうして、雨季までの2か月間を、マサイマラですごすのです。

浅瀬をさがして渡るヌーの群れ。

食べわけて有効活用

　セレンゲティからマサイマラにかけての平原にくらす草食動物は、なんと100種以上といわれています。広大な平原とはいえ、ヌーだけでも100万から150万頭もくらしているのですから、大量の草が食料として必要になります。草食動物どうしで、食べもののうばいあいにならないのでしょうか？

　じつは、シマウマとヌーの場合、うまく食べわけができています。シマウマは長くのびたイネのなかまの茎や葉などを、ヌーはシマウマが食べたあとの根元の葉を食べます。シマウマは上下の前歯をかみ合わせてかた

草の上のほうを食べるシマウマ（上）と、根元の葉を食べるヌー（下）。

い茎を引きちぎっています。ヌーは上の前歯はありませんが、かわりに「歯板」とよばれる歯茎と下の前歯を使って、葉を切りとって食べているのです。

　この平原の草食動物で、ヌーのつぎに多いトムソンガゼルは、ヌーが食べたあとに出てくる、さらにやわらかい葉を食べます。キリンは長い首で高い木の葉を食べ、ジェレヌクは後ろあしで立って、低い木の葉を食べています。

　乾季に食べものの草が減ってしまう平原では、このように植物を食べわけて、むだなく利用しているのです。

必死で泳ぐヌーに近づくワニ

大きな口でおそいかかる!
ガバッ

ワニとの対決!

　9月。まもなく雨季がやってきます。雨季のマサイマラは、はげしい雨がふりつづき、地面が水びたしになることもあります。雨季に入る前に、セレンゲティへもどらなければなりません。

　ヌーの大移動が、ふたたびはじまりました。第一関門はやはりマラ川。すでに、だいぶ増水していますが、今回は回り道はしません。ぐずぐずしていると、もっと増水してしまうからです。

　とはいえ、ワニにおそわれるもの、おぼれて流されるものが後を絶ちません。こちらでも、1頭のヌーに近づくワニのかげ……大きな口でおそいかかります。おどろくヌー。にげようとふり上げたヌーの前あしがワニにヒット! 水にしずんだワニは、後につづいたヌーにもふみつけられました。用心深いヌーですが、このときばかりは、いきおいにまかせて突進するのですね。

増水したマラ川を泳いで渡るヌー。

流されてくるヌーの死がいを、下流で待ちかまえるハゲワシ。

おどろいたヌーが、前あしで……

ワニをけちらした!

マラ川をこえて

いまやマラ川の渡り口は、ヌーでいっぱい。小さな子どものすがたもあります。おとなたちにもまれ、ほとんどの親子がここではなればなれになってしまうそうです。

子どもでも、自力で川にとびこみ、対岸にたどりつかなければなりません。マラ川をこえ、セレンゲティにたどりつくまで、がんばれ、ヌー!

川にとびこむヌーの子ども(上)。対岸は、ヌーで大渋滞。うまくぬけられるか(下)。

バトルはつづく…

ゆたかな緑を求めて、大地をゆるがすヌーの大群。
ふたたびセレンゲティにたどりついた群れでは、新たな命が誕生し、3か月後にはマサイマラへの旅に出発します。くりかえされる苦難の旅。
そのなかで、子どもたちは強くたくましく成長していきます。

バトル No.7 　猛牛対百獣の王
バッファロー vs ライオン

百獣の王に勝てるのか！

アフリカ大陸

ボツワナ

　アフリカスイギュウ、またの名をアフリカン・バッファロー。巨体に大きな角をもち、草食動物とはいえ、強そうです。対するは百獣の王ライオン。ボツワナ北部の平原を舞台に、両者の熱い戦いがはじまろうとしています。

アフリカ南部の平原は動物たちの楽園。雨季は、水と緑が豊富。

アフリカスイギュウ
Syncerus caffer

体長：210〜340cm
体高：100〜170cm
体重：300〜900kg

食べもの：草の葉など。
特ちょう：水辺を好む大型のスイギュウ。大きな群れをつくる。

バッファローのくらし

平原に群れでくらしているバッファローは、野生のウシとしては最大級で、オスの体重は1t(トン)近くにもなります。

バッファローはオスもメスも角が生えています。でも、見わけ方はかんたん。メスは小さめの角が頭の横から生えていますが、オスは頭のてっぺんから生えていて、根元が大きく盛りあがっています。オスは、この盛り上がった部分をごりごりとおしつけ合って力くらべをします。そして、群れのなかの順位を決めます。

スイギュウというだけあってバッファローは水辺を好み、水あびやどろあびが大好き。こうして体温を下げたり、寄生虫をふせいだりしているのです。

メス(上)とオス(下)。オスは、角の幅1mになるものもいる。

角をおしつけあうオス。

水あびやどろあびは、バッファローの健康に欠かせないたいせつな行動。

乾季の大移動

　雨季は出産のシーズン。群れのあちこちで赤ちゃんのすがたが見られます。バッファローは豊富な草を食べ、平和にすごします。

　ところが、4月に入って乾季がやってくると、雨がほとんどふらない日が半年もつづきます。水も草もほとんどなくなってしまうので、バッファローをはじめとする草食動物は、食べものや水を求めて移動します。

　群れは水のある川辺までやってきました。ここは、雨季には水があふれていた広大な川の岸辺。乾季になって水が減ったためあらわれたのです。緑があふれ、食べものと水のある、快適な場所です。

　草食動物にとって天国のような場所ですが、ここには、肉食動物、ライオンのすがたもありました。

バッファローの赤ちゃん。生まれてすぐに歩き出し、群れといっしょに行動する。

岸辺に集まってきたバッファローの群れ。

スイギュウだけに水場にぎゅーっと集まっているのう。

水辺には、1000頭にもなる群れが集まる。

バッファロー VS ライオン

猛牛の一撃！

　ライオンは、さっそくバッファローの群れを発見し、近づいていきます。ライオンのなかまたちが集まり、集団でバッファローをねらいます。バッファローの大ピンチです！　と思ったら、なにやらようすが変です。バッファローたちは、まったくにげないどころかライオンたちに向かっていきました。
　そしてそのうちの1頭が、ライオン目がけて突進！　さしもの百獣の王も、この巨大な角と巨体の攻撃におどろいたのか、にげていきました。

バッファローの群れを見つめるライオン。

ライオンのなかまも集まってきた。

頭を下げライオンに向きあうバッファロー。

ライオンに突進するバッファロー（左）。ライオンもにげ出した（下）。

すごすご

ライオンの反撃!

　バッファローたちは、ライオンに頭を向けてかまえていました。ライオンは、後ろからおそいかかる方法で狩りをします。そのため、バッファローが密集して頭を向けると、なかなか攻撃できません。

　ある朝、バッファローの群れが川を渡って移動していました。渡った先の川岸には、2頭のライオン。からだをふせてじっとしています。バッファローは気づかず川を進みます。

　ようやく先頭のバッファローがライオンに気づいたその瞬間!ライオンたちが猛ダッシュ。防御姿勢をとれずににげるバッファローの群れ。とうとう転んだ1頭がライオンにつかまりました。もう1頭のライオンは川のなかまで追いかけ、子どものバッファローをとらえました。

かわいそうだけどライオンも生きるため……。

草を求めて移動する群れ。

ライオンが2頭、待ちぶせていた。

水辺をにげるバッファローを追いかけるライオン。

バッファローの子どもがつかまった。

年老いたバッファロー

乾季がおわりに近づいた10月、群れは食べものを求めて川辺を移動していきます。しかし群れが去ったあとも、木の下に1頭のバッファローが残っていました。年老いて弱っています。そこにライオンがやってきました。

群れからはなれた年老いたバッファロー。

このバッファローは何度もにげようとしましたが、とうとうつかまってしまいました。年老いたもの、病気などで弱ったもの、子どもなど、力の弱いものはねらわれやすいのです。

にげるバッファローにせまるライオン。

数頭でバッファローをたおすライオン。

知ってる?

木かげでぎゅうぎゅう

バッファローは暑さが苦手です。乾季の草原には葉をつけた木が少ないので、数少ない木かげを求めて、たくさんのバッファローがぎゅうぎゅうになっているすがたが見られます。

木の下に集まってくるバッファロー。

川を渡り、移動するバッファローの群れ。

そしてまた雨季がくる

11月、雨季がやってきました。午後になると雲が出て、半年ぶりの雨がふりだしました。この草地もまた川の底にしずみ、バッファローたちは、ボツワナ北部の草原にもどっていきます。

バッファローたちは、雨季のあいだに子どもを産んで数を増やし、また次の乾季にこの場所にかえってくることでしょう。

半年ぶりの雨にぬれるバッファロー。

バトルはつづく…

ライオンとバッファローのバトルは迫力がありました。食べられるバッファローの多くは、病気のものなど力の弱いもの。食べられることで、ライオンなどの命を救っています。このように生きものたちは、食べたり、食べられたりしながら、おたがいを生かし合っているのです。

バトル No.8 強烈ネコパンチ！

サーバル vs ヘビ

きゃっ！と
ヘビですぞ!!

バシッ！

アフリカ大陸

タンザニア

乾季のセレンゲティ国立公園。平原中、かれた草ばかりが目立つが……。

体長1mにもなる大きな毒ヘビが、首をのばしてとびかかりました！ ネコのなかまサーバルがネコパンチで反撃！
　舞台は、タンザニアのセレンゲティ国立公園。草食動物たちが北へと旅だったあとの、乾季の平原で、サーバルのおどろきの狩りや子育てのようすを追いました。

サーバル
Leptailurus serval

体長：67〜100cm
尾長：24〜45cm
体重：8.5〜18kg
食べもの：ネズミなどの哺乳類、小型の鳥類、カエルなどの両生類、昆虫など。
特ちょう：ライオンなどと同じネコのなかま。細長いあし、小さな顔、大きな丸い耳をもち、からだに黒いもようがある。

乾季のサバンナ

乾季まっただなかの8月、ヌーやシマウマなどの草食動物が北へ大移動し、大型の肉食動物もそれを追っていきました。そのあとには、生きもののすがたが見あたらないように思いますが、じつはサバンナでもっとも多いといわれる哺乳類がかくれています。なんと、ネズミ！

たくさん実った種。

乾季には、雨季のあいだにぐんぐん生長した植物から、たくさんの種が地面に落ちます。ネ

食べものが豊富なこの時期に、繁殖期をむかえるネズミ。

ズミは、自分たちにとって1年でもっとも食べものが多いこの時期に、活発に繁殖するのです。

おや、サーバルがやってきました。大きな耳をしきりに動かしています。そして、ものすごいジャンプ！　高さ2mはとび上がって、4mほど先の地面に着地しました。口にネズミをくわえています。あっという間の狩りでした。

とつぜん高くとび上がったサーバル（左）。着地と同時にネズミをくわえていた（下）。

ジャンプいちばん、つかまえた！

サーバルは、ネコ科のなかでもすらっと長いあしをもっています。頭が小さく、尾は短めで、とても身軽です。ほっそりとしたからだつきは、背の高い草が生える草原で狩りをするのに、都合がよいのです。

サーバルのメス。全体にほっそりとしていて、からだのわりに頭が小さい。

知ってる？

決め手は超音波!?

ジャンプでネズミをつかまえるとは、サーバルの狩りは独特ですね。この方法では、ネズミの位置が正確にわからないと、狩りはむずかしいはずです。どうしているのでしょうか？

ヒントは大きな耳。長くて、幅がありますね。この耳で、ネズミが出す、人間には聞こえないほど高い音をとらえているのです。音は震動しながら伝わりますが、高い音ほど震動の幅が小さくなり、直線に近くなります。つまり、音が出た位置からまっすぐに伝わるので、正確な位置を知ることができるのです。サーバルは、地面の下のモグラの位置も聞きわけることができるともいわれます。すぐれた耳で狩りをしているのですね。

顔にくらべて、とても大きな耳。

ネズミが出す高い音はまっすぐ進むので、正確な位置がわかる。

サーバル VS ヘビ

　サーバルがつかまえるのは、ネズミやモグラなどの小さな哺乳類、ホロホロチョウなどの鳥類や昆虫などいろいろ。地面の巣穴にいるネズミやモグラをほり出してつかまえることもありますが、低いところをとんでいる鳥を、3mほどもジャンプしてとらえることもあるそうです。

　ジャンプをするときは、まずは上半身をふり上げて、いきおいよく空中にとび出します。いちばん高いところで、背中を丸めて、後ろあしも前のほうへよせていますね。そして着地と同時に、前あしでえものをおさえこんでいるのです。えものが気づいたときには、もう手遅れというわけです。

　すらっとした体形があってこそ、生み出されるジャンプ力。すごいですね。

なんとも美しいジャンプですなぁ。
さーばるぁしい！

高さ3m、距離は4mほどもジャンプすることができる。

毒ヘビをとらえようとパンチするも……

毒ヘビも首を上げて反撃！

ネコパンチ炸裂！

えものを求めて、草原を歩くサーバル。背の高い草に、ちょうどかくれる高さです。黄色っぽい毛の色や黒いはん点は、サーバルのすがたを目立たなくさせるのに役立っています。えものに気づかれないよう近づくのに、もってこいです。

草原のなかを歩いていると、まったく目立たない。⬆で示した部分が耳。

ある日、サーバルにとって予想外のできごとが起こりました。草原をぬけると、なんと大きなヘビが横たわっていたのです！

おそろしい毒をもつパフアダーというヘビです。出会ったとたん、サーバルにおそいかかります。サーバル、間一髪でよけました！そしてすかさず前あしでパンチ！ヘビの胴体を攻めます。ヘビも負けてはいません。首をのばして、サーバルの前あしにかみつこうとしました。前あしを上げてよけたサーバル、おろしたあしでヘビの頭をたたきます。パンチ、パンチ、パンチ！やりました、ヘビをとらえました！

パンチで弱らせ、ヘビをとらえた。

なんとかかわした！

すかさず連続ネコパンチ！

赤ちゃん発見

　勝利はおさめたものの、いまのバトルはあぶなかったですね。危険をおかしてまで、ヘビと戦ったのはなぜでしょうか？

　おや、サーバルはたおしたヘビを食べてしまうと、草をかきわけ、歩いていきます。そして、しげみのなかに入っていきました。「ミー、ミー」と声が聞こえます。やぶのなかにかわいい赤ちゃんがいました。このサーバルは、お母さんだったのですね。

　サーバルの赤ちゃんは、ひと月ほどは、お母さんのお乳で育ちます。お母さんは、たくさんお乳を出すために、食べられるものはなんでも食べて栄養を十分にとる必要があったのでしょう。

おほっ
かわいい
ですなぁ。

サーバルの赤ちゃん。しげみのなかの巣には、赤ちゃんが4匹いた。

赤ちゃんをねらう天敵

ある日、巣の近くにヘビクイワシがやってきました。名前のとおり、ヘビも食べるどうもうな鳥です。

どうやらサーバルの巣があることには気づいていないようで

ようすをうかがうお母さん（↑）。ヘビクイワシは、気づかずネズミをさがしている。

すが、えものをさがしていて、なかなかはなれていきません。ようやくとび立ったと思っても、巣から200mもはなれていない場所におりたちます。これでは、いつ巣が発見されるかわかりません。

おや、お母さんが赤ちゃんを1匹くわえて、巣から出てきました。

知ってる？

サーバルは引っ越し好き？

子どもを産んだサーバルのメスは、なわばりのなかに、何か所も巣を用意しています。少しでも危険を感じたら、すぐにちがう巣に引っ越すのです。1日に3回も巣を移したこともあるといいます。とても用心深いですね。

でも、赤ちゃんを守るためには、このお母さんの用心深さがだいじなのでしょう。ぶじに大きくなるといいですね。

何のへんてつもない草むらだが、これが巣。メスは、草原じゅうに何か所も巣を用意しておく。

ヘビクイワシとは反対の方向に、300mほど歩いていきます。そこにもしげみがありました。お母さんが、用心のため用意しておいた巣です。その巣に赤ちゃんをかくします。そして何度も往復して、ほかの赤ちゃんも新しい巣にうつします。4匹すべて運び終わったあと、さらにもう一度もどり、赤ちゃんが残っていないか確認して引っ越し終了です。

赤ちゃんをちがう巣にうつすお母さん（上）。新しい巣について、赤ちゃんをかくす（下）。

　赤ちゃんをねらう天敵は、ヘビクイワシだけではありません。草原には、ジャッカルなどの肉食動物がおなかを空かせて、えものをさがしまわっています。天敵のすがたを巣の近くに見つけるたび、こうして巣をかえて赤ちゃんを守っているのです。

　赤ちゃんの引っ越しは、1時間近くかかりました。お母さんは、2km近い距離を休まず歩きつづけたことになります。お母さん、おつかれさまでした。

バトルはつづく…

サーバルの赤ちゃんは、生まれて1か月もすると
お母さんが狩ってきたえものを食べるようになります。
たくさん食べて、ぶじにおとなになるといいですね。
そして、華麗なジャンプと強烈ネコパンチを武器に
お母さんのようなすぐれたハンターになることでしょう。

バトル No.9　修業ネコのスーパージャンプ！

カラカル vs スプリングボック

大きなものはおさえこんでから狩る！

アフリカ大陸

ナミビア

ナミビアの草原地帯は、雨季でも数日に一度、スコールのような雨がふるぐらいというアフリカ有数の乾燥地。

ウシのなかまのスプリングボックをおさえこむのは、小型のネコのなかま、カラカルです。おさないころに親をなくしたため、自力で狩りの腕をみがく修業中です。うまくしとめることができるでしょうか？

ナミビアの灼熱の乾燥地帯で、カラカルの狩り修業を追いました。

カラカル
Caracal caracal

体長：60〜92cm
尾長：23〜31cm
体重：6〜19kg

食べもの：小型の哺乳類、鳥類など。
特ちょう：大きな三角形の耳の先に、長い毛が房状に生える。

親を亡くしたカラカル、ゴダイバ

アフリカのほか、中東やインドに分布するネコのなかまカラカルですが、今回の主役は、生まれて1か月のころにお母さんを亡くしてしまったカラカルです。お母さんは、農場の家畜をおそうからと、殺されてしまったそうです。

引きとられたころのゴダイバ。

まだ赤ちゃんだったこのカラカルは、保護施設に引きとられ、「ゴダイバ」と名づけられました。

この施設では、親を亡くした野生動物を保護し、自然にかえすための訓練をしています。ゴダイバはまもなく2歳。もうひとり立ちしていなければならない年齢です。そのため、施設の外に出して、自然のなかでえものをとらえるという、実戦的な訓練がはじまっています。

カラカルは、とんでいる鳥も大ジャンプでつかまえることができる名ハンターとして知られていますが、ゴダイバには狩りを教えてくれるお母さんがいません。自分だけの力で狩りのしかたを覚えていかなければならないのです。いったいどうなるでしょうか？

保護施設(上)でくらすゴダイバ(下)。

あとひと息！

ゴダイバがえものを見つけたようです。やぶの向こうに鳥がいます。姿勢を低くして、ぬき足、さし足で近づいていき……ものすごいいきおいでやぶをこえ、鳥にとびかかりました！

残念……とび立った鳥に前あしがとどかず、にげられてしまいました。2mもの大ジャンプだったのですが、鳥に気づかれるのが早かったのでしょう。

ホロホロチョウなどの鳥もえもの。

2mほどジャンプしたが（↑）、とび立った鳥（↑）にはとどかなかった。

知ってる？

大きな耳が狩りに役立つ

カラカルは、顔にくらべて大きな耳をもっていますが、この耳をいろいろな方向に向けて、えものがたてる音をとらえています。左右べつべつに動かすこともできる、すぐれたアンテナなのです。そして耳の先に生えた長い毛は、風の向きなどを感じとって、えものの位置を知る手がかりとしているのではないかともいわれています。

小さなカラカルは、草むらに入ると草にかくれてしまいます。えものからすがたをかくせる反面、えものを見つけるのはむずかしいので、この耳が、おおいに役立っているというわけです。

大きな耳の先にはふさふさの長い毛が生えている。

カラカル VS
スプリングボック

3m前への大跳躍。

カラカルのジャンプ力

　先ほどの狩りは失敗してしまいましたが、ゴダイバのジャンプ力、かなりのものでしたね。どうやらカラカルは、すぐれたジャンプ力でえものをとらえているようです。どれくらいジャンプできるのか、ゴダイバに協力してもらって実験してみました。

　まずは、前へジャンプしたときの距離ですが……すごい、3mもとんでいます。えものまでの距離を一気にちぢめられますね。

　そして高さはどうでしょうか？　棒の先に、大好きな肉を下げてとんでもらいました。肉の真下から、助走もなしにとび上がります。その高さ、なんと2.5m！　鳥がとび立つ瞬間であれば、なんなくとどく高さです。だれに教わるでもなく、もとからそなわったすぐれた身体能力。ゴダイバも、さすがカラカルなんですね。

こんどは上へジャンプ。このときの高さは2.5m。

走り幅とびも高とびもとくいとはスーパーキャットですにゃー。

バッタ（↑）を食べるゴダイバ。

また失敗……

11月下旬、暑さはますますきびしくなり、乾燥が進みます。えものも少なくなってきました。野生にかえるためには、ゴダイバにとって正念場の季節です。

カラカルは、1日におよそ500gの肉を食べるといいます。鳥だと4羽ほど。狩りをがんばるようにと、施設であたえられるえさの量が減っているため、ゴダイバのおなかはぺこぺこのはず。

おや、なにかつかまえたようです。久しぶりのえもの、なんでしょうか？　あ、バッタです。小さな昆虫とはいえ、貴重な食料。なんでも食べて、きびしい乾季を乗りこえなければならないのです。

今度はやぶにかくれて、えものを待ちぶせするようです。しきりに耳を動かして、あたりをうかがっています。と、そこへ小型のウシのなかまのダイカーがやってきました。

やぶにかくれて待ちぶせ。

あ！　ゴダイバがいきおいよくと

カラカル VS
スプリングボック

び出します。速い速い！　ダイカーの首筋に食らいつきました。
　からだの大きさはほとんど変わらないダイカーをつかまえるとは、ゴダイバもずいぶん力をつけました。あれ？　でもゴダイバの旗色が悪くなってきたように見えます。ダイカーが後ろあしで、ゴダイバのおなかをけりつけていたのです。ダイカーのひづめはとがっているので、つきささることもあるそうです。とうとうにげられてしまいました。

ダイカーをとらえたゴダイバ（上）。ダイカーはゴダイバのおなかをけりつけ、すきをみてにげ出した（下）。

知ってる？

あきらめも肝心

　えものにそっと近づいて、すばやいジャンプでとらえるカラカルの狩りは、相手が気づいていないうちにとびかかる奇襲攻撃でないと、成功させるのがむずかしい方法です。えものに気づかれたら、いつまでもねばらず、あきらめることもたいせつです。
　狩りの修業中のゴダイバもあきらめどきを見きわめ、むだに体力を使わない狩りができるようになってきました。

ゴダイバに気づいてにげ出した鳥（↑）。ゴダイバも深追いしなかった。

群れからはぐれた1頭。

そろ〜り…
慎重にしのびより……

大物をとらえた！

　12月上旬、待ちに待った雨季がやってきました。雨季には、草が新芽を出し、それを食べる草食動物も移動してきます。

　さっそくウシのなかまのスプリングボックの群れを見つけましたよ。

スプリングボックの群れ。

スプリングボックは、おどろいたときなどにぴょんぴょんとはね回る習性をもっています。大きな群れで、草を求めて大移動をする草食動物です。あ、群れがいってしまいます。狩りにはなりそうにないですね。

はうように低い姿勢でゆっくりと近づく。

　ところが、1頭のスプリングボックがはぐれたのか、草むらにたたずんでいます。ゴダイバがゆっくりと近づいていきます。とび出しました！スプリングボックも走り出します。20mほどはなれているでしょうか。でもゴダイバ

20mを一気にちぢめる走り。

おさえこんだ!

は、ぐんぐんその差をちぢめ……追いつきました。後ろからとびついて、おさえこみ。これなら、ダイカーのときのように、おなかをけられる心配はありません。そして、自分と同じぐらいの体格のスプリングボックを、とうとうしとめました!

　自分で狩りの方法を身につけなければならなかったゴダイバ。こうして大物をとらえることができました。まだまだ一人前とはいえないかもしれません。でもこの大地で、たくましく生きぬいていくことでしょう。

とうとう大きなえものをとらえた。

🔥 バトルはつづく…

とぶ鳥もとらえられるほどのジャンプ力をもつカラカル。今回、ゴダイバの華麗な空中キャッチを目にすることはできませんでしたが、さらに狩りの腕を上げて、野生にもどるころには、とぶ鳥もとらえてくれることでしょう。
がんばれ、ゴダイバ!

バトル No.10 巨大な巣を攻略！

ハチクマ VS スズメバチ

クマといっても鳥なんですな!

ハチクマは、日本やロシアなどで繁殖し、冬は東南アジアに渡っていくものもいる。そのあいだにある島、台湾が舞台。

田畑のまわりを森がかこむ台湾の農村地帯、ここでは昆虫と鳥のバトルがくり広げられています。一方は強力な毒針でおそれられるスズメバチ。もう一方はスズメバチを好んでねらう鳥の世界きってのハンター、タカのなかまハチクマです。

ハチクマ
Pernis ptilorhynchus

全長：オス約60cm メス約70cm
食べもの：ハチ。小型哺乳類やトカゲなど。

特ちょう：日本では夏鳥。名前にあるクマは、同じタカのクマタカににていることからついたといわれる。

ツマアカスズメバチ
Vespa velutina

体長：女王バチ約3cm 働きバチ約2cm オスバチ約2.5cm
食べもの：ミツバチなど。

特ちょう：攻撃性の強いスズメバチのなかま。大型で、からだが赤っぽく見える。

ハチ大好きハチクマ

森のなかにミツバチを飼って蜂蜜をとるための養蜂場があります。ミツバチを飼育する養蜂家の人がいなくなると、大きな鳥がやってきました。ハチクマです。地面におり、いらなくなって捨てられたミツバチの巣を食べています。なかの幼虫やさなぎもいっしょに食べます。

ミツバチたちがとびまわっても気にしません。ハチクマは、ハチが大好物という、めずらしいタカです。

養蜂場の巣箱（上）。なかに、ミツバチ（右）が巣をつくっている。

ハチクマがやってきた（上）。ミツバチの巣のなかのさなぎ（右↑）。

スズメバチ登場！

森の木の上に大きさ1.2mもあるスズメバチの巣がありました。ツマアカスズメバチの巣です。なかには数千匹の働きバチがいます。ツマアカスズメバチは、攻撃的なスズメバチで、毒も強く、ときには人がおそわれることもあります。

木の上につくられたツマアカスズメバチの巨大な巣（上）。巣のなかにはたくさんの働きバチがいる（左）。

スズメバチの巣にアタック！

ハチクマがおそうのはミツバチだけではありません。ツマアカスズメバチも大好物。しかし、ツマアカスズメバチは攻撃的で、1羽のハチクマがとんで巣に近づいたところ、追いはらわれてしまいました。

ある日、ほかのハチクマがツマアカスズメバチの巣にとまり、その巣をこわして食べようとしていました。ところが、いっせいにツマアカスズメバチの群れに攻撃されてしまいます。巣を守ろうと、働きバチがハチクマのまわりをブンブンとびまわり、何匹かはハチクマのからだにとまって強力な毒針で攻撃したようです。

とうとうハチクマもにげ出すはめに。さすがスズメバチ。ミツバチとは攻撃力がちがいます。

ハチクマを追いかけるスズメバチ（↑）。

ツマアカスズメバチにたかられるハチクマ。

たまらずにげ出すハチクマ。

バチッとやられたんですな。いたそう。

ハチクマはハチがこわくない!?

ハチの幼虫やさなぎは栄養がいっぱい。ツマアカスズメバチの巣は特大サイズで、なかには何枚もの巣盤があり、1万匹近い幼虫やさなぎが入っています。ハチクマにとってもごちそうです。

ツマアカスズメバチの巣の断面。

先ほどはにげ出したハチクマですが、巣を守る働きバチの攻撃から身を守る方法をもっています。ハチクマの顔を見ると、短い羽毛がびっしりと集まって生えています。この羽毛はとてもかたくて、ハチの毒針がささるのをふせいでいるのです。

顔にはびっしりとかたい羽毛が生えている。

からだの羽毛もかたい。

知ってる?

どれもハチクマ?

ハチクマは色の差が大きいのが特ちょうです。でも、オスとメスを見わけるのはかんたん。黒い目はオス。瞳のまわりが黄色いのがメスです。

ちがう色でも、みんなハチクマ。

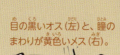
目の黒いオス(左)と、瞳のまわりが黄色いメス(右)。

ハチクマの魔法の防御

ハチクマには、さらにすごい防御方法があるようです。ハチクマが巣に対して何度か攻撃をくわえていると、いつしかツマアカスズメバチが攻撃をしなくなるのです。

くわしいことはわかっていませんが、ハチクマからハチの攻撃性をおさえる物質が出ていて、何度も攻撃することでハチがおとなしくなるのではないかと考えられています。

最初のころの攻撃（上）では、たくさんのハチにおそわれたが、攻撃をくりかえすうちにおとなしくなった（下）。

ハチもくまったことでしょうな。

ハチクマの攻撃！

ツマアカスズメバチが攻撃しなくなったら、もうこわいものはありません。1羽のメスのハチクマが、巣の壁をつつきはじめました。今度はオスの攻撃。遠くからスピードをつけてとびげりです。こうして穴をどんどん広げます。ハチクマは、大きくなった穴から頭を入れ、幼虫やさなぎを食べていきます。ほかのハチクマもつぎつぎとやってきて、食べものにありつきました。

くちばしでハチの巣の穴を広げるメス。

ハチクマは養蜂家の味方

　ハチクマには、季節ごとに移動する「渡り」をするものがいます。東南アジアと日本などのあいだを行き来しているのですが、台湾はもともと中継地でした。しかし、今では数千羽が繁殖をしていて、渡りをしないものもいます。台湾に養蜂場がつくられるようになってから、食べものが豊富になったので、そのままいつくようになったと考えられています。

　養蜂家にとってスズメバチは、飼っているミツバチの巣をおそって全滅させてしまう害虫です。そのスズメバチを食べるハチクマは、養蜂家にはたよれる味方なのです。

ミツバチの巣の前でミツバチをおそうスズメバチ。つかまえて肉団子にして巣に運ぶ。

知ってる?

なかよしのタカ、ハチクマ

　ハチクマは共同でスズメバチの巣をおそいましたが、ほかのタカのなかまではこうはいきません。ほかのタカはなわばりの意識が強く、食べものを争うことがほとんどです。ハチクマはおだやかな性質で、ほかのハチクマともなかよく食べものをわけ合います。スズメバチの巣をとり合って争うことはありません。

養蜂場に集まって、食べものをとるハチクマ。

ハチクマ VS スズメバチ

スズメバチは……

　ハチクマに巣をこわされてしまったスズメバチはどうなるのでしょうか？　少しはなれた場所で発見することができました。

　働きバチはせっせと働き、巣を新しくしています。ツマアカスズメバチは女王バチと働きバチからなる大きな社会をつくっていて、卵を産む女王バチが生き残っていれば、新たになかまをどんどん増やしていくことができます。

　ハチクマの攻撃は強力ですが、ツマアカスズメバチたちもたくましい生命力で生き残っていました。

新たな巣づくりをしているツマアカスズメバチ。すでに卵（↑）も産みつけられている。

新しい巣の出入り口。

バトルはつづく…

人間からはおそれられているスズメバチも、
ハチクマにかかっては、おいしいごちそうです。
このバトル、一見ハチクマの勝ちのようでしたが、
ツマアカスズメバチは、たいへんな繁殖力でその数を増やしています。
ハチクマとスズメバチのバトルは、まだまだつづくことでしょう。

のっておき！

動物の赤ちゃん 大集合！

動物の赤ちゃん、かわいいですよね。お父さん、お母さんが必死に敵から守ろうとするわけもわかります。この本でとり上げた動物たちの赤ちゃんを紹介します！

カリフォルニアジリスの子どもたち。巣穴からのぞく3兄弟です。

アナウサギの子どもたち。いっしょに遊んでいるのかな？

オオカワウソの子どもたち。家族いっしょにくらしています。

カナダガンのひな。卵からかえるときには、もうふわふわの羽毛が生えています。

サーバルの赤ちゃん。草むらの巣で、お母さんといっしょにすごしています。

ライオンの子どもたち。子どもどうし、よくじゃれ合うすがたが見られます。

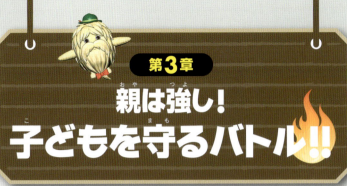

第3章
親は強し！
子どもを守るバトル!!

バトル No.11　ひみつ基地で目くらまし

アナウサギ vs オコジョ

まわりは敵だらけ!!

　イギリスは、国土の7割が田園地帯。こののどかな風景のどこかに、かわいらしいアナウサギがくらしています。でも、キツネやタカのなかまなどの天敵も、いたるところにひそんでいます。さまざまな技でたくましく生きるアナウサギたちのくらしを追います。

広がる田園地帯。アナウサギをはじめ、さまざまな動物がくらしている。

アナウサギ
Oryctolagus cuniculus

体長：38〜50cm
体重：0.9〜2kg
食べもの：植物の葉や根、木の皮など。

特ちょう：ペットとして飼われているカイウサギは、アナウサギを飼いならしたもの。

危険を知る技！

アナウサギは、ここ田園地帯ではさまざまな動物に食べられることの多い動物です。でもウサギは、敵がやってきたことを知る技をもっています。

そのひとつは、ウサギの最大の特ちょうである大きな長い耳。よく動いて、敵が立てるあらゆる方向からの音をキャッチします。そして、丸い大きな目。顔の横についているので、からだの後ろのほうまで見渡せ、後ろから近づく敵も見のがしません。

そして群れ。アナウサギたちは群れで生活します。大きなものでは30匹以上になります。群れは100m四方ほどのなわばりをもっていて、そこから出ることはありません。群れにはオスのリーダーが1匹いて、危険を感じると群れ全体に知らせます。

アナウサギの耳はよく動いて、まわりを調べる。まるでレーダーのよう。

目は顔の横についていて、まわりを広く見渡すことができる。

アナウサギの群れ。群れのなかでおとなのオスはリーダーだけ。

群れを守るリーダー！

　群れのメンバーはオスのリーダーのほかに、メスとその子どもたち。オスは、あごにある、においが出る部分を草や地面にこすりつけて「ここは、自分のなわばりだぞ！」と、ほかのオスたちに知らせます。

　群れのまわりには、オスがたくさんいて、なわばりとリーダーの座をねらっています。そうしたオスがなわばりのなかに入ってくると、リーダーはずっと追いかけ回し、追いはらいます。

　群れの敵は、アナウサギのオスだけではありません。アナウサギには空からねらってくる天敵もいます。メンフクロウです。リーダーは、周囲を警戒して、敵がくる

あごの下を地面や草にすりつけて、なわばりをアピール！

群れを乗っとりにきたオスを追いかけるリーダー。

音もなくとんで、上空からえものをさがすメンフクロウ。

リーダーがあしをふみ鳴らして、危険を知らせ（左）、一目散ににげだす（右）。

アナウサギ VS オコジョ

のを感じると、後ろあしをダンッとふみ鳴らして、群れのアナウサギたちに危険を知らせます。そして、オスがにげ出すと、群れは、いっせいにやぶのなかへ。群れはぶじでした。

にげろや にげろ
リーダーを追って、草むらににげこむ群れのメンバーたち。

アナウサギのひみつ基地！

アナウサギは、その名のとおり地面にほった穴を巣にしています。なかは、まるで迷路のようにトンネルが枝わかれをしていて、もしも穴のなかに敵が入ってきても、かんたんに見つかることはありません。

さらに、出入り口もたくさんあるので、敵が入ってきたのとは別の穴から外ににげ出すことができます。

田園地帯にたくさん開いた穴。アナウサギたちのすみかだ。

穴はつながっていて、まるで迷路だ。

入りくんだ穴に、はまったら、まよってしまいますぞ！

天敵！オコジョ登場

アナウサギにとって最大の天敵の1つがオコジョです。オコジョはイタチのなかまで、ウサギより小さくほっそりした体形の肉食動物です。動きはすばやく、アナウサギの巣にも侵入してしまうやっかいな敵です。

アナウサギもオコジョがいるのがわかると、すぐさまにげ出します。尾の裏側の白い部分を見せて走るのは、なかまに危険を知らせているのです。

間一髪！　穴ににげこむことができました。しかし、オコジョはしつこく、穴のなかにまで入ってきます。このときのバトルでは、ウサギは迷路のような巣穴に守られてぶじでした。

しかしオコジョの猛スピードの攻撃に負けて、とらえられてしまうこともあります。

オコジョ。細くしなやかなからだで小動物をおそうハンターだ。アナウサギを見つけた。

オコジョがすぐさまダッシュ。

巣穴にとびこんでにげるアナウサギ。

オコジョ（↑）が巣穴のなかまで追いかけてきた！

ギリギリでにがしてしまって、オコジョもおこってるじょ。

ねばり強くアナウサギをねらうオコジョ。

アナウサギも必死でにげるも……

たいへん！ 追いつかれてしまう!!

とうとうオコジョにとらえられてしまった。

赤ちゃんの誕生

6月、アナウサギたちは出産の季節をむかえます。赤ちゃんは巣穴のなかで生まれ、夏まで、安全な巣穴のなかで育ちます。

巣穴から出ると、子どもたちも、お母さんと同じように、草の葉などを食べるようになります。もっとも天敵におそわれやすいこの時期は、お母さんがぴったりよりそいます。

生まれてから2～3日ほど。体長10cmの赤ちゃん。

葉を食べる子どもとお母さん。

知ってる？

お母さんの気づかい

お母さんが、赤ちゃんにお乳をあげる時間はほんの3～4分。しかも1日のうち、夜に1～2回だけです。これは、巣に残ったにおいや気配に、敵が気づかないようにするための気づかいです。

また、お母さんは、せっせと毛づくろいをします。からだをきれいにして、赤ちゃんに病気の原因になるノミなどがつかないようにしているのです。

耳を前あしでなでつけて、毛づくろいするお母さん。

アナウサギ VS
オコジョ

外は危険がいっぱい

　巣穴から出た子どもたちを、危険が待ちうけていました。弱ったウサギや子どもをおそうこともあるカラスや、おそろしいハンターであるタカのなかまのオオタカなど、外の世界は天敵だらけ。

　でも、子どもたちははじめて見るものをこわいと感じないのか、カラスが近くにいてもあまりにげようとしません。とうとう、1匹がつかまってしまいました。その瞬間、子どもたちのピンチを知ったリーダーがものすごいいきおいでかけつけ、カラスを追いはらいました。

　かわいい子どもたち、群れに守られ、たくましく生きぬいてほしいですね！

カラスが子どもをつかまえた（上）。リーダーがかけつけて、カラスを追いはらってくれた（下）。

オオタカ。上空からものすごいスピードでおそう。

バトルはつづく…

アナウサギは、大きな後ろあしで速く走ることができます。敵に対しては速いあしをいかしてにげるだけかと思いきや、ときには敵を追いはらう勇敢なすがたも見せてくれました。のどかな田園地帯には、アナウサギをねらうさまざまな敵がひそんでいます。群れを守るリーダー、これからもがんばれ！

バトル No.12 タカがタカをおそう!?

サシバ vs オオタカ

オオタカ

サシバといっても鳥だから、歯はないんですな!

絶滅が心配されている貴重なタカ、サシバは、春になると毎年、日本で子育てをするため、東南アジアから数千kmを旅して渡ってきます。

ぶじにひなを育てて、また南の国に渡る日まで、サシバは狩りに、バトルに、いっしょうけんめいに生きています。

サシバがくらす里山は農地と林、人と自然が身近な場所だ。

サシバ
Butastur indicus

全長：47〜51cm
翼開長：103〜115cm
食べもの：カエルやトカゲなどの小動物。

特ちょう：夏鳥として九州・四国・本州にやってくる。カラスぐらいの大きさ。

サシバの食べもの

 3月、サシバが日本に渡ってきました。はるばる数千kmの旅です。サシバは田んぼに集まるカエルや、トカゲ、昆虫などをとらえて食べます。

 木にとまってえものをさがしていたサシバが、地面に下りてカエルをつかまえました。タカといっても、あまり勇ましい感じではない、のんびりした狩りをします。

 このカエルは、トラクターが田んぼの土をほりかえしたときに、起こされた冬眠中のカエル。サシバは人間のくらしを利用して、えものをさがしているようですね。

するどいくちばしのサシバ。

トラクターにほり起こされたカエル。

田んぼに下りて、カエルをとらえるサシバ。

恋の季節

渡ってきて少しすると、サシバはカップルになります。そのとき、オスはメスに食べものをプレゼントしてプロポーズします。

メスが受けとったら、めでたくカップル成立！　巣づくりをはじめます。巣は、田んぼの近くの林の木の上に、枝を集めてつくります。

研究者が観察したところ、ある巣ではサシバがひなのために運んでくる食べものの8割がカエルだったそうです。田んぼに近ければ、すぐに食べものが手に入るので、巣づくりにはもってこいの場所です。

メス（上⬆）にカエルをプレゼントするオスのサシバ（上⬆）。目の上に白いまゆのようなもようのある左がメス、右がオス（下）。

巣材の木の枝を集めるサシバ。くちばしでじょうずにおる。

サシバは、田んぼのまわりの林に巣（右）をつくる。

サシバの子育て

田植えがはじまるころ、巣ではサシバのひなが生まれました。水がはられた田んぼには、サシバたちの大好物のカエルもたくさん。親たちは交代でせっせっせと食べものをひなに運びます。

サシバは、食べものがたくさんあるこの時期にちょうど子育てをするのです。

ひながかえると、たくさんカエルをあたえるんですな。

ひなにカエルを運んできた親鳥（上）。下はサシバのひな。

知ってる?

カエルはたいせつ

絶滅が心配されているサシバ。食べもののカエルが減っていることがその原因の1つとして考えられています。カエルは、田んぼの水路がコンクリート製に変わるなど、環境の変化で、日本全国でとても数が減っています。

自然な水路（上）。コンクリートでかためられた水路（下）ではカエルが落ちると出られない（左）。

ひながさらわれた!?

　サシバが子育てをしている林のなかには、べつの種類のタカも巣をつくっていました。サシバよりもひと回り大きなタカ、オオタカです。

　オオタカのえものはおもに鳥。あしからとびかかり、するどいつめでたおすのがとくい技。鳥たちにとって、とてもおそろしいハンターです。オオタカの巣のなかにはひながいました。えものの羽毛も落ちています。

　ある日、サシバの親が巣からはなれたすきに、巣に猛スピードでとびかかるものがあらわれました。オオタカです。あしからとびつき、するどいつめでおそいます。一度は失敗したものの、またやってきて、ひなを連れさっていきました。

　なんと、オオタカは同じ肉食のタカであるサシバもえものとしていたのです。

ハトを食べるオオタカ。

木の上につくられたオオタカの巣(右)と、巣のなかのひな(上)。

オオタカは林のなかでも、自由自在にとびまわることができるのですぞ!

ひなを守れ！

　サシバの親だって、かんたんにひなをさらわれるわけにはいきません。巣に近づこうとするオオタカを発見すると、親は必死に追いはらおうとします。

　オオタカを巣から遠ざけようと、突進。ひと回りもからだが大きく、とぶのも速いオオタカに向かっていくのは命がけです。何度も何度も攻撃して、なんとかオオタカを追いはらうことができました。

からだの小さい方がサシバ(↓)。オオタカの方が大きく、攻撃する力も強いので危険な空中戦。

知ってる？

タカはゆたかさのあかし

　タカのような大きな肉食の動物が生きられる場所は、自然がゆたかだといわれています。大きな肉食動物が生きるためには、食べものとなる小さな動物もたくさんいなくてはなりません。そしてその動物たちの食べものとなる動物や植物なども、たくさん必要です。自然がゆたかでないと、タカは生きられないのです。

ヘビや昆虫なども、サシバの命をささえる食べものになる。

サシバ VS オオタカ

ひなが巣立った

　オオタカの攻撃などの危険を乗りこえ、なんとかぶじに育つことができたひなもいます。

　そうしたひなたちに巣立ちの日がやってきました。枝伝いに歩いて巣から出ていきます。巣立ったといっても、あと1か月ほどは親鳥が食べものを運んで世話をします。そして、少しずつ行動範囲を広げていって、ひとり立ちします。

　秋になると、サシバは海をこえ、南の国に渡っていきます。また来年も、日本にもどってこられるといいですね。

大きくなったサシバのひな。

枝伝いに巣をはなれるサシバのひな。

巣立ったひなに食べものをあたえる親鳥。

バトルはつづく…

オオタカは日本に1年中いる鳥。秋がすぎ、きびしい冬がやってくると、えものの数が減り、生きぬくのもたいへんです。一方、サシバは冬を南の国ですごし、春に危険な旅のすえ、日本にやってきます。そして、ちがうくらしをするタカどうし、またバトルがはじまります。

バトル No.13 カエル父さん奮闘記
ウシガエル vs ウシガエル

バックドロップ炸裂だぁー!

アフリカ大陸

サッカーボールほどの大きなアフリカウシガエルが、バトル相手のアフリカウシガエルを投げとばしました。ウシやヘビにも立ち向かい、水たまりを干上がらせる太陽とも知恵くらべ!?

南アフリカの草原地帯に、雨季にあらわれるアフリカウシガエルの命がけの子育てを追います。

南アフリカ共和国の北東部。夏(12月)の雨季には、大きな水たまりができるほどの大雨がふる。

南アフリカ

アフリカウシガエル
Pyxicephalus adspersus

体長:約20cm(最大25cm)
体重:最大1.4kg
食べもの:昆虫、小型の哺乳類、小型の爬虫類、小型の鳥、両生類など。
特ちょう:長さも幅も、ほぼ同じぐらいになるずんぐりしたカエル。

ようやく雨季がきた！

　12月下旬、南アフリカ北東部の草原に雨季がやってきました。毎日のようにはげしい夕立がふるため、草原に周囲数百mもの大きな水たまりができています。
　突然、土がもこもこ動き出しました。アフリカウシガエルが、長いねむりからようやく目覚めたのです。アフリカ南部では、乾季が10か月もつづきます。そのあいだ、ずっと土のなかでねむっていたのです。そんなに長いあいだねていたら、おなかが空いているはず。さっそく昆虫を見つけると、大きな舌でとらえてパクリ。大きなウシガエルは、昆虫のほかに、ネズミなどの小さな哺乳類まで食べてしまいます。

ふり出した雨に目を覚まし、土のなかから顔を出したアフリカウシガエル。

小さな昆虫だけでなく、ネズミまで食べてしまう。

知ってる?

まゆをつくって雨を待つ!?

　乾季のあいだ、アフリカウシガエルは、土のなかでねむっています。雨がふらない年には、すがたをあらわしません。なんと7年間も土のなかで雨を待ったという記録もあるそうです。そのあいだ、はがれた皮ふや分泌物でできた「まゆ」とよばれるものでからだをおおって、水分が蒸発するのをふせいでいます。

表面は白っぽい「まゆ」でおおわれる。

手前のカエルがかみついた！

からだ全体をそらして……

メスをめぐって大激闘！

　水たまりにアフリカウシガエルのオスが集まってきました。水たまりのなかに、なわばりをつくるためにやってきたのです。大きななわばりをもつ強いオスのほうがメスにもてるため、みんな必死です。あちこちで、オスどうしのバトルがはじまりました。

　くり出す基本の手は、体当たり。高くジャンプして相手を突きとばします。大きな口で相手の顔にかみつくオスもいます。おっと、かみついたまま、からだをそらして相手を投げとばしました。まるでバックドロップ！　投げられたオスは、すごすごと水たまりを去っていきました。

　オスでいっぱいだった水たまり。日暮れにはほとんどの勝負がつき、なわばりを勝ちとったオスのすがたしか見当たりません。そのオスに、勝者が決まるまでかくれていた

相手の顔をめがけて体当たり（上）。大きな口でかみつくものも（下）。

相手をほうり投げる!

バックドロップ決まった!
エーイッ!

メスが泳ぎよりました。

カップルができると、メスはおよそ4000個も卵を産み、オスはすぐに受精させます。2日もすれば、早くも卵がかえり、オタマジャクシが誕生します。

勝ち残ったオスに泳ぎよるメス(右)。オスよりもだいぶ小さい。

知ってる?

武器はするどい「きば」

はげしく戦ったアフリカウシガエルのオスたち。相手にかみついて、投げとばす力もちもいました。がんじょうな口ですね。

じつは口のなかには歯がたくさんならんでいて、下あごには、きばのようにとがった突起が見えます。このきばを突き立て、相手をおさえこみ、投げとばしていたのです。

キバって相手を投げたようですな。

上あごには歯がならび、下あごにはするどい突起(↑)がある。

産卵から2日後にふ化したオタマジャクシ(上)。オスはオタマジャクシが早く育つよう見守る(右)。

子どもを見守るカエル父さん

　アフリカウシガエルは、カエルにはめずらしく、子育てをします。オスのまわりをよく見ると、たくさんのオタマジャクシ。メスは卵を産むと、すぐにすがたを消しますが、オスは子どもたちのそばにいて、危険がおよばないよう見守るのです。

　おや、お父さんが、子どもたちを引きつれています。食べものが多い場所へと、導いているのです。雨でできた水たまりで、数千匹ものオタマジャクシが1か所で生活をつづけていたら、食べものの微生物などがすぐにいなくなってしまいます。さらに、水温にも気をつかっています。水温が高いほうが子どもたちの成長が早まるので、より水温が高い、浅瀬をえらんでいたのです。

　水たまりはいつ干上がるかわかりません。とにかく早く成長することがだいじです。近くに水が豊富な池もありますが、それでも水たまりで子育てするのは、池にはナマズなどの肉食の魚がいてオタマジャクシを食べてしまうからです。

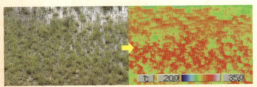

特殊なカメラで見ると、手前の浅瀬のほうが、赤い部分が多く水温が高いことがわかった。

カエル父さん強し！

とはいえ、水たまりにも強敵はいます。ヘビがやってきました。コモンブラウンウォータースネークというヘビです。水辺にくらし、カエルやオタマジャクシを食べます。でも、巨大なアフリカウシガエルにかかっては、ひとたまりもあ

オタマジャクシをねらってあらわれたヘビ（↑）。あえなく、お父さんに食べられた。

りません。大きな口にがぶりとかみつかれ、あっという間に食べられてしまいました。

ときには、このあたりの牧場で飼われているウシが、水を飲みにやってくることがあります。大きなウシなどの哺乳類は、オタマジャクシをふみつけてしまうこともあります。カエル父さんは、体格の差をものともせず、勇敢に体当たり！　ウシもたまらず退散です。

ウシガエルがぶつかってきて、ウシもモウッと帰りますな。

水を飲みにきたウシに、頭から体当たり！

カエル父さん vs 太陽!?

照りつける太陽に、浅瀬の水が蒸発してしまった。

ある暑い日のこと、カエル親子に最大のピンチがしのびよります。じりじりと照りつける太陽に、浅瀬の水が蒸発して、子どもたちが小さな水たまりに閉じこめられてしまったのです。このままでは、1〜2時間後には、干上がってしまいそうです。カエル父さんどうする!?

おや、カエル父さんは大きな水たまりのほうへ歩いていきます。そこから、あしでどろをかきつつ、子どもたちが閉じこめられた小さな水たまりへともどってきました。なんと、あしでみぞをほって、大きな水たまりから小さな水たまりまで水を通し、水かさを増やそうとしているのです。

水路ができるかは神のみぞ知る。

後ろあしでけんめいに水路をほるカエル父さん（左）。およそ1.5mもほり進んでいく（下）。

何度も往復して、みぞを少しずつ深くしていきます。暑い日中のこと、お父さんのあしも止まりがち。だいじょうぶでしょうか？

1時間半後、とうとう大きな水たまりから小さな水たまりへとつづく水路ができました。流れる水が子どもたちのいる場所を満たしていきました。

水路の最長記録は18mもあったそうです。子どもを守るため、カエル父さん大奮闘です！

水路がつながった。これでもう安心だ。

カエルに大変身！

オタマジャクシが生まれてから1か月がすぎました。

水辺に小さなカエルたち。たくさんの子どもたちが、カエルに成長して、陸に上がったのです。

もう見守ってくれていたカエル父さんのすがたは見当たりません。これからは自分だけの力で、このアフリカの大地を生きぬいていくのです。

カエルになった子どもたち。

バトルはつづく…

生まれて1年たった若いカエルを見つけました。からだがだいぶ大きくなって食欲も旺盛です。でも、数々のバトルを勝ちぬいて、子どもたちを守るにはもっと大きくならなければなりません。強くてやさしいお父さんめざして、がんばれ！

バトル No.14 戦え大家族！

オオカワウソ VS ワニ

水中の大決戦!!

ブラジル
南アメリカ大陸

アマゾン川は、川が流れる範囲の面積が世界一広い。たくさんの支流をもつ広大な川だ。

南アメリカに流れるアマゾン川。その流域には、250種の哺乳類がすむといわれています。ここで群れをつくってくらしている哺乳類に、オオカワウソがいます。アマゾン川には強力な肉食動物、ワニのなかまカイマンもすんでいます。この両者の激突。どんなバトルがくり広げられるのでしょうか。

オオカワウソ		
Pteronura brasiliensis	体長：86～140cm 尾長：33～100cm 体重：22～34kg	食べもの：魚やカニなど。 特ちょう：水辺でくらす大型のイタチのなかま。ワニをとらえて食べることもある。

泳ぎがとくいな大家族

アマゾン川を気持ちよさそうに泳いでいるのはオオカワウソ。カワウソのなかまでは世界最大で、頭から尾の先までで2mにもなります。大きなあしを見ると水かきがついていて、泳ぎがとくいなことがわかります。

オオカワウソは群れでくらしています。活動するのは昼間だけ。夜は1つの巣穴でいっしょになってねています。群れのメンバーは、オスとメスのペア、赤ちゃんから3歳くらいまでの子どもたち。それにほかの群れからうつってきた若ものたちからなっています。今回観察した群れは4匹の赤ちゃんをふくむ20匹の大きなものです。

水辺でねそべるオオカワウソ（上）。あしには水かき（下↑）があって泳ぎがとくい。

オオカワウソの大家族は、いつでもいっしょに行動する。

川岸の穴がオオカワウソの家族の巣穴（↑）。

ペアから生まれた子どもたちと、べつの群れからきた数匹で群れをつくる。

赤ちゃんを守れ！ 引っ越し大作戦

ある日のこと、オオカワウソ家族はひとしきり泳いでから、出てきた巣穴とはちがった方向に移動しはじめました。じつはオオカワウソは、赤ちゃんが巣穴から出られるようになると、毎日のように巣穴をかえます。なぜでしょう？

答えはオオカワウソの天敵、ワニにあります。ここにはカイマンというワニがすみ、赤ちゃんのにおいをかぎつけてやってきます。そのため、同じ巣穴に長いあいだいるのは危険なのです。

オオカワウソは10kmほどの川すじのなわばりに20〜30個ほどの巣穴をもっていて、しょっちゅう引っ越しをします。

巣穴から出てきたオオカワウソの赤ちゃん（右の2匹）。

引っ越し中のオオカワウソ。動きがおそい赤ちゃんはくわえて運ぶ。

少し前まで家族がいた巣穴に近づいていくワニ。

巣穴のなかの砂をかき出すオオカワウソ（↑）。巣穴の手入れもだいじな仕事。

わざわざきたのに、るすだとは、ショックだわにー

オオカワウソの狩り

オオカワウソの食べものはそのほとんどが魚。アマゾンの川にすむするどい歯で有名なピラニアなども大好物です。1匹が食べる魚は1日におよそ4kgです。おとなが16匹なら1日およそ60kg。たくさん食べるので、大きななわばりが必要です。

オオカワウソは水かきと平たい尾を使い、からだをくねらせて泳ぎます。水中を自由自在に泳ぎまわって、魚をとらえます。

泳ぐオオカワウソ（動物園で撮影）。

魚を食べるオオカワウソ（上）と、大好物のピラニア（左）。するどい歯をもっている。

知ってる？

赤ちゃんのトレーニング

赤ちゃんは生まれてから2か月ほどすると、巣穴の外に出てきます。出てくると、すぐに水に入ります。おとなたちは、赤ちゃんをとりかこむようにして、危険な場所に行かないようにするなど、群れ全体で協力して世話をします。

赤ちゃんのめんどうをみるオオカワウソの家族。

最大の天敵ワニ

お母さんカワウソが、赤ちゃんに弱った魚を見せて食べもののとり方を教えています。そこへ、音もなくワニが近づいてきました。オオカワウソたちがいる岸辺に上陸。どうやら、赤ちゃんをねらっているようです。とうとうワニがアタック!?

そのとき、群れのメンバーが赤ちゃんとワニのあいだに入って、なんとか攻撃をかわしました。群れはワニが追ってこられないにげ道を使って、にげていきました。こうしたにげ道もふだんから用意してあるのです。

魚(↑)を赤ちゃんの前で見せるお母さん。

しのびよるワニ。

群れのメンバーでにげだした。

はなれてしまった子どもたち。

音もなく近づくワニ。

オオカワウソ VS ワニ

　赤ちゃんが巣から出て、2か月近くがたちました。赤ちゃんはすっかり大きくなって、自分で魚をとれるようになっていました。大きくなってもあまえたい子どもたちは、おとながとった魚をほしがります。でも、おとなは「自分でとりなさい」といいたいかのように渡しません。

　あ！　おとながすっとはなれたすきに、子どもたちだけがとり残されてしまいました。そこにまたワニがしのびよります。気づいたおとながワニへと向かっていった瞬間、ものすごいいきおいでワニが攻撃しました。

　間一髪！　今回もおとながワニと子どものあいだに割って入りました。オオカワウソの命がけの攻撃にワニもあきらめるしかありませんでした。

魚をねだる子ども。

大きな川ではうそのようなできごとが起きますぞ!

おとながワニをさえぎった。

安全な場所へにげろ!

外敵侵入!!

　ある日、群れがいっせいに鳴き声をあげながら、水中を突進しはじめました。群れの外で、1匹でくらしているオスが、なわばりのなかに侵入してきたのです。群れのメンバーは、侵入したオスを、なわばりの外に出ていくまでしつこく追い回し、とうとう追いはらいました。

　群れにも、家族以外のオスがメンバーに加わっていますが、それは群れのリーダーのオスのライバルにはならないまだ若いオスだけ。これらのオスも、大きくなったら群れから出なくてはなりません。

　力があるものは、自分の新しい群れをつくれますが、そうでないものは1匹でくらします。群れがつくれないと、食べものが豊富な川にいることはできず、魚の少ない池などでくらすことが多いようです。

　この追いはらわれたオスがようやく魚をとらえて、

群れのなわばりに侵入したオス。

侵入者を追いはらおうと、追いかける群れ。

侵入したオスはなんとかにげだした。

オオカワウソ VS ワニ

岸辺で食べていると、ワニが接近。油断もすきもありません。はっとオオカワウソが気づいた瞬間！ワニが攻撃してきました。猛烈ないきおいでかみつくワニ！しかし、オスはなんとかのがれることができました。

このオスは1匹でくらしていますが、本来、オオカワウソは群れのつながりがとても強く、敵と戦うのも、狩りをするのも群れで行います。アマゾン川にはワニのほかにもたくさんの危険な敵がいますが、群れのつながりで必死に生きているのです。

ようやく魚にありついたと思ったらワニ（↑)がやってきた。

猛烈なワニの攻撃!!

なんとかワニの攻撃をかわしたオス。1匹でくらすオオカワウソにとってアマゾンは危険がいっぱい。

バトルはつづく…

オオカワウソは、アマゾン川のまわりでくらす動物たちのなかでは、からだも大きく力もあって、とても強い動物です。ときには、群れでワニをおそって食べることもあるほどです。その強さも群れの団結があってこそ。これからも、みんなで子どもたちを守っていくことでしょう。

バトル No.15 極北の戦い
カナダガン VS アカギツネ

こりゃあ キッツイネ!

1年のうちのほとんどが雪におおわれるカナダのチャーチル川河口と、ロシアのウランゲル島に渡り鳥がやってくる。

ロシア・ウランゲル島
カナダ・チャーチル川河口

カナダの北東部、高い木が生えない平原ツンドラを舞台に、水鳥のなかまカナダガンと、その巣をねらうアカギツネが対決!
ツンドラの短い夏を、せいいっぱい生きる動物たちのすがたを追います。

カナダガン Branta canadensis	全長：63〜110cm 体重：1.6〜4.5kg 食べもの：草や水草など。	特ちょう：黒く長い首に、白いほほが特ちょう。大型の水鳥のなかま。
アカギツネ Vulpes vulpes	全長：45〜90cm 尾長：30〜56cm 体重：3〜14kg	食べもの：小型哺乳類や昆虫などの小動物。 特ちょう：北半球に広く分布。日本にいるキツネもアカギツネ。

せまるアカギツネ！

4月下旬、カナダ北東部にあるハドソン湾のチャーチル川河口にカナダガンの群れがとんできました。4月とはいえ、気温はまだ氷点下20℃。海も陸も、氷や雪におおわれています。

渡ってきたカナダガンの群れ。まわりは雪と氷の世界。

カナダガンは、アメリカのカリフォルニアで冬をすごし、子育てのためにはるばる1500kmをとんで渡ってきたのです。

しばらくするとやっと、海をおおっていた氷も解けはじめました。冬のあいだ海の氷の上でくらしていたアカギツネも、陸地にやってきます。

カナダガンの群れに近づくアカギツネ（↑）。

おなかをすかせたアカギツネにとって、カナダガンはごちそう。からだを低くして、そっと近づき、おそいかかります。しかし、群れているカナダガンのうちのどれか1羽がキツネを発見してにげ出すと、群れはいっせいにとび立ちます。そうなるとアカギツネの狩りは失敗です。

カナダガンをとらえたアカギツネ。狩りは失敗することも多い。

巣のなかの卵（上）。からだを低くして目立たないようにするメス（右）。

卵を守れ！

　雪が解けると、カナダガンは巣をつくります。やってきたときは8000羽もの群れだったのですが、巣をつくるときにはペアごとにわかれて、それぞれがなわばりをもちます。

　巣では、メスが卵をだき、オスが見張りをします。アカギツネが目立たないようそっと近づいても、オスが警戒の声を出して、メスに注意をよびかけます。アカギツネは、その声におどろいてにげてしまいました。

　オスが食べものをとりに出かけたときが、アカギツネにとって、巣をねらうチャンス。メスは、アカギツネの接近に気がつくと、身を低くしてかくれます。しかし、アカギツネに気づかれると、にげてしまいました。アカギツネは卵をくわえてもち出しました。

卵をだくメス。

警戒の鳴き声を出すカナダガンのオス。

がーん！
と、アカギツネにショックをあたえたことだろう。

巣のなかで警戒するメス。

アカギツネがおそいかかる。

無念…

メスはにげ出してしまった。

巣から卵をもち出すアカギツネ。

アカギツネの子育て

一方、アカギツネの巣穴では、赤ちゃんが生まれていました。最初はお母さんのお乳を飲んで育ち、やがて親が運んでくるえものを食べるようになります。アカギツネがカナダガンをおそっていたのは、子どもを育てるためだったのです。親は交代で食べものをとりに出かけ、大いそがしです。

巣穴のなかでは、赤ちゃんが生まれていた。

えものを運んでくるメス（左）。親にあまえる子ども（右）。

カナダガンの移動

カナダガンの巣でも、ひなが生まれました。ひなは卵からかえると、すぐに歩くことができます。カナダガンの親子は、しばらくすると、水辺へと長い距離を歩きはじめました。

水辺には、大好物の水草や、やわらかい若葉をつけた植物がたく

ひな（上）と、移動する親子（下）。

カナダガン VS
アカギツネ

さん生えています。それに、天敵のアカギツネは泳ぎが苦手。水のなかまでは追いかけてこないので安全です。

でも、小さなひなにとってはとちゅうで敵におそわれることもある、危険がいっぱいの旅です。

水上を泳ぐカナダガンの親子。

植物の葉を食べるひな。

ひなにとって、水辺は、はるかかなだなんでしょうなあ。

知ってる?

歩いて移動するひみつ

とべないひなをつれたカナダガンが歩いて水辺までいくのはわかりますが、ひなをつれていないものまでとばずに歩いて移動します。じつは、この時期のガンはとぶための羽毛「風切羽」が生えかわるところで、空をとぶことができないのです。

とべる時期の翼(上)と生えかわりの時期の翼(下)。風切羽(赤線で示した部分)がない。

歩いて移動するカナダガン。

北極圏(ロシア)の戦い

ガンにとって、キツネはあちらこちらで天敵のようです。北極圏にあるロシアのウランゲル島では、ハクガンの群れが子育てをします。それをねらうのはホッキョクギツネ。冬には真っ白な毛になる小型のキツネです。ホッキョクギツネの狩りも、カナダのアカギツネと同じように成功することもあれば、失敗することもあります。ねらう

巣で卵をだくハクガンのカップル。

ホッキョクギツネ(上)。ハクガンの若鳥をとらえた(下)。

そっと近づくホッキョクギツネ(上)。気づいたハクガンが翼を広げておどすと(中)、ホッキョクギツネはにげていった(下)。

カナダガン VS
アカギツネ

ほうも守るほうもいっしょうけんめいです。

　ハクガンにとっては、ホッキョクギツネのほかにも、大型のカモメのなかま、シロカモメなどの天敵がいます。ハクガンの親は卵やひなを守るために、さまざまな敵と戦っているのです。

ひなをおそうシロカモメ（上↑）。とらえると、くちばしにくわえてとび去った（下）。

子育てが終わったら

　子育てが終わり、ひながとべるようになると、きびしい冬がやってくる前に、ガンは群れをつくって南へと旅立ちます。長旅には危険がいっぱいですが、ガンたちはあたたかく、食べものも豊富な場所で冬をすごします。ひなたちもおとなになり、次の年には、カナダ北部や北極圏にもどってくるのです。

冬がやってくる前に、南へと旅立つガン。

バトルはつづく…

ガンもキツネも北のきびしい環境で、
いっしょうけんめいに生きています。
キツネは子どもたちのためにガンをねらい、
ガンもひなを守るために戦います。また次の年も
同じようにガンとキツネは北の大地で出会うことでしょう。

バトル No.16　小さなからだに大きなひみつ
ジリス vs ガラガラヘビ

地中の国の ジリス!

北アメリカ大陸

アメリカ カリフォルニア州

都市のすぐそばに広がる草原がジリスたちのすみか。

　アメリカのカリフォルニア州に広がる草原に、かわいらしい小さなリスがすんでいます。このリスはカリフォルニアジリス。ジリスの「ジ」は地面の「じ」。その名のとおり、地面に穴をほってくらしています。そんなジリスには敵がいっぱい。ジリスたちはどのように敵とバトルするのでしょう！

カリフォルニア ジリス
Otospermophilus beecheyi

体長：33〜50cm
尾長：13〜23cm
体重：280〜740g

食べもの：草の葉や実、花など。
特ちょう：地面近くで生活するリス。寒い地方では冬眠をする。

ジリスのくらし

ジリスは、草の実、花、葉など地面近くに生えている植物ならたいてい食べます。1日の大半を食べることに使います。巣は地面にほった穴。巣穴の長さはおよそ10m。とちゅうにはいくつも部屋があって、子育てをする部屋や、食べものをためておく部屋など使い道が決まっています。出入り口もいくつかあって、なかでつながっています。

ジリスはこんな巣穴を中心に、半径20mほどのなわばりをもっています。

草の実を食べるジリス。

巣穴のなかに入ってきたジリス。

ジリスの巣の断面図。いくつかある出入り口はなかでつながっている。子どもを育てる部屋（↑）や食べものを保存する部屋（↑）などがある。

なわばりバトル

ジリスにとって、なわばりはとてもたいせつ。もしも、ほかのジリスがなわばりに入ってきたら、すぐさまダッシュ！ 相手を追いまわします。それでも、相手があきらめないときは、体当たりで勝負をつけます。

相手をなわばりから追い出したら、なわばりの境目にある目立つ場所で、ゆったりと毛づくろいをして、自分のなわばりだとアピールします。

見た目はかわいいのですが、かなり気が強いようです。

ダッシュして、相手を追いまわす。

勝負がつかないときは体当たり！

勝利の毛づくろい。

勝利の毛づくろいを見せつけられて、負けた方は、じりじりすてるんじゃあないですかね。

ジリス VS ガラガラヘビ

巣穴は安心安全

観察していた巣穴にはかわいい子どもたちが3匹いることがわかりました。子どもたちが巣穴を出て少しすると、突然、おとながするどく鳴きました。異変を知らせる警戒の声です。ジリスたちはいっせいに巣穴ににげこみます。

上空にはノスリ。急降下してリスやネズミをとらえるタカのなかまです。かくれる場所がほとんどない草原では、巣穴は命を守ってくれるたいせつな場所です。子どもたちもぶじだったようです。

巣穴から出てきた子どもたち。

ノスリ
キキキキッ
かん高く鳴いて危険を知らせる。

知ってる?

ジリスの天敵

草原には、ジリスをねらうイヌワシやハヤブサ、コヨーテやキツネなどの天敵がいて、危険がたくさんひそんでいます。

ジリスをねらう草原のハンターたち。❶イヌワシ、❷ハヤブサ、❸コヨーテ、❹キツネ。

最強の天敵ガラガラヘビ

　ジリスたちにとって、いちばんの天敵は、ガラガラヘビです。相手をおどすときに、尾でガラガラと音を立てることでその名がついた、おそろしい毒ヘビです。

　ヘビのこわいところは、細長いからだで巣穴のなかまで入ってくることです。ある日、ガラガラヘビがやってきました。巣穴に入ったかと思ったら、入り口でじっとしています。ジリスたちを待ちかまえる作戦のようです。気づかずもどってきたジリス。ガラガラヘビのすばやい攻撃に、つかまってしまいました。

せまりくるガラガラヘビ。

ジリスの巣穴で待ちぶせ。

ジリスを飲みこんだガラガラヘビ。

ジリスの巣穴に入るガラガラヘビ。

近づいたジリスはしっぽをフリフリ。

しっぽフリフリ大作戦！

数日後またもやガラガラヘビがジリスの巣穴に入っていきます。待ちぶせ作戦です。

ああ、ジリスが食べられてしまう！ と思いきや、なぜかガラガラヘビはとびかかってきません。いったいどうしたのでしょう？ なんとそのときジリスがとった行動は、しっぽをふるということ。これだけでガラガラヘビはあきらめてしまったのです。

ヘビだけに手も足も出ないようですなあ。

しっぽを左右にふるだけ。

場所を変えてまたフリフリ。

ガラガラヘビは出ていった。

しっぽフリフリのひみつ

どうして、しっぽをふるだけで、ガラガラヘビは攻撃しないのでしょう？ ガラガラヘビは、くねくねと曲がったからだを一気にのばしてかみつきます。その攻撃のとどく距離は30cmほどです。ヘビに気づいたジリスは、30cm以上の距離をたもちながら、「ぼくらは気づいているよ」と、ガラガラヘ

曲げたからだを一気にのばして攻撃するガラガラヘビ(上)。赤線でかこった半径30cmほどが、攻撃がとどく範囲(下)。

ビに伝えるためにしっぽをフリフリさせていると考えられています。

ふいうちがとくいなヘビは、気づかれたとわかると、攻撃をあきらめてしまうのです。

知ってる？

ガラガラヘビの高感度センサー

ガラガラヘビは、舌でにおいを感じます。ふたまたにわかれた舌の、左右のどちらにたくさんにおいを感じるかでえものの方向がわかります。また、鼻の穴の近くに「ピット」とよばれる器官があり、温度を感じることができます。この２つのセンサーでえものを追うのです。

ふたまたにわかれた舌(上)とピット(下)。

ジリスの作戦

　ジリスはおどろくことに、自分からガラガラヘビに攻撃をくわえることもあります。ガラガラヘビを先に見つけたジリスはしっぽをフリフリさせながら近づいて、前あしで砂をかけるのです。こうすると、ヘビがもつ温度を感じる「ピット器官」が役に立たなくなると考えられています。

　また、ジリスはヘビが脱皮したぬけがらを見つけると、口でかんでからだにすりつけます。ヘビのにおいをからだにつけ、自分たちのにおいをごまかすのです。においにたよってえものを追うヘビには、効果的な作戦です。

ガラガラヘビに向かって砂をかけるジリス。

脱皮したぬけがらをかんで、からだにすりつけるジリス。

バトルはつづく…

ガラガラヘビはとてもすぐれたハンターです。しかし、小さくてかわいらしいジリスが、じつはとても勇敢で、おそろしい天敵、ガラガラヘビに立ち向かう方法を身につけていました。決して食べられるだけじゃないジリスのバトルは、母から子に受けつがれていきます。

さくいん

この本に出てくるおもな動物の名前を、50音順にならべました。赤い数字は、くわしい紹介がのったページです。

ア行

アカカンガルー（カンガルー） …… 34-41, 42
アカギツネ ………………… 42, 126-131
アカハラヤブワラビー …………………… 37
アクタエオンゾウカブト ………………… 21
アナウサギ …………………… 92, 94-101
アフリカウシガエル（ウシガエル）
……………………………………… 110-117
アフリカスイギュウ（バッファロー） … 60-67
ウシ ……………………………………… 115
ウシガエル（アフリカウシガエル）
……………………………………… 110-117
オオカワウソ ………… 42, 92, 118-125
オオカンガルー ………………………… 37
オオタカ …………… 101, 102, 106-108
オコジョ …………………………… 98-99

カ行

カイマン（ワニ） ………………… 118, 120
カエル ……………………………… 103, 105
カナダガン ………………… 92, 126-131
カバ ………………………………… 26-33, 42
カブトムシ ………………………… 22-25
ガラガラヘビ …………………… 138-141
カラカル …………………………… 76-83
カラス ……………………………………… 101
カリフォルニアジリス（ジリス）
……………………………… 92, 134-141
カンガルー（アカカンガルー）
……………………………… 34-41, 42
キノボリカンガルー ………………… 37
クワガタムシ（ノコギリクワガタ） …… 22-25

サ行

サーバル ………………………… 68-75, 92
サシバ …………………………… 102-109

サバンナシマウマ（シマウマ）
……………………………………… 44-51
シマウマ ……………… 13, 44-51, 55, 57
シマオイワワラビー …………………… 37
ジャッカル …………………………… 53
ジリス（カリフォルニアジリス） … 134-141
スズメバチ（ツマアカスズメバチ）
……………………………………… 84-91
スプリングボック ……………… 76, 82-83

タ・ナ行

ダイカー …………………………………… 81
ツマアカスズメバチ（スズメバチ）
……………………………………… 84-91
ヌー ………………………………… 45, 52-59
ネズミ …………………………… 69, 111
ネプチューンオオカブト ……………… 16-19
ノコギリクワガタ（クワガタムシ） … 22-25
ノスリ ……………………………………… 137

ハ行

ハクガン ………………………… 132-133
ハゲワシ ………………………………… 58
ハチクマ ………………………………… 84-91
バッファロー（アフリカスイギュウ）
……………………………………… 42, 60-67
ピラニア ………………………………… 121
ヘビ ………… 68, 72-73, 115, 138-141
ヘビクイワシ …………………………… 74
ヘラクレスオオカブト ……………… 16-21
ホッキョクギツネ ……………… 132-133
ホロホロチョウ ………………………… 78

マ・ラ・ワ行

マルスゾウカブト ……………………… 21
ミツバチ ……………………………… 85, 90
メンフクロウ …………………………… 96
ライオン ……… 6-15, 29, 42, 44, 46-49
55, 60, 63-66, 92
ワニ ……… 31-32, 46, 52, 56, 58-59
118, 120, 122-123, 125

放送リスト

この本で取りあげた動物について放送された番組のリストです。

ライオン VS ライオン
ライオン新王 誕生!(2007年2月放送)
頑張れオスライオン! 百獣の王への道 (2013年11月放送)

ヘラクレスオオカブト VS ネプチューンオオカブト
カブトムシの王者! ヘラクレス (2007年8月放送)
大研究! 昆虫王者 カブトムシ & クワガタ (2013年8月放送)

カバ VS カバ
実は最強!? カバの素顔 (2013年4月放送)

カンガルー VS カンガルー
疾走! 熱闘! カンガルー (2008年2月放送)

シマウマ VS ライオン
大追跡! 草食動物は強かった (2006年8月放送)
大胆不敵! 戦うシマウマ (2011年9月放送)

ヌー VS ワニ
大追跡! 草食動物は強かった (2006年8月放送)
進め! ヌー親子 100万頭の大移動 (2013年3月放送)

バッファロー VS ライオン
激闘! ライオン vs バッファロー (2014年3月放送)

サーバル VS ヘビ
サバンナのネコ 強烈パンチ! (2007年12月放送)

カラカル VS スプリングボック
飛ぶ鳥を落とす! スーパーキャット (2010年3月放送)

ハチクマ VS スズメバチ
衝撃! ハチクマ軍団 vs スズメバチ軍団 (2014年4月放送)

アナウサギ VS オコジョ
敵がいっぱい! ウサギの英田園ライフ (2013年3月放送)

サシバ VS オオタカ
タカがタカを襲う!? 里山の攻防 (2010年10月放送)

ウシガエル VS ウシガエル
命がけの子育て! カエル父さん奮闘記 (2012年7月放送)

オオカワウソ VS ワニ
ワニと対決! オオカワウソ大家族 (2013年1月放送)

カナダガン VS アカギツネ
キツネとガン 極北の攻防 (2006年11月放送)

ジリス VS ガラガラヘビ
決め手はシッポ! ヘビと戦うリス (2012年10月放送)

協力	NHKエンタープライズ
写真提供	阿部昭三郎「大追跡! 草食動物は強かった」
	岩合光昭「キツネとガン 極北の攻防」
	東京シネマ新社「キツネとガン 極北の攻防」
	Harish Kumar Singhal「実は最強!? カバの素顔」
	吉野俊幸
カバー・本文デザイン	北路社
本文レイアウト/DTP制作	株式会社エストール
地図/イラスト	マカベアキオ/いずもりよう
画像キャプチャー	エクスインターナショナル
編集協力	STUDIO PORCUPINE（川嶋隆義/寒竹孝子）

NHKダーウィンが来た! 動物たちのスーパー生き残りバトル

2015（平成27）年1月30日　第1刷発行
2018（平成30）年5月30日　第3刷発行

編　者	NHK「ダーウィンが来た!」番組スタッフ
	©2015　NHK
発行者	森永公紀
発行所	NHK出版
	〒150-8081　東京都渋谷区宇田川町41-1
	TEL 0570-002-143（編集）
	TEL 0570-000-321（注文）
	ホームページ　http://www.nhk-book.co.jp
	振替00110-1-49701
印　刷	亨有堂印刷所/大熊整美堂
製　本	三森製本所

乱丁・落丁本はお取り替えいたします。
定価はカバーに表示してあります。
本書の無断複写（コピー）は、著作権法上の例外を除き、著作権侵害となります。
Printed in Japan
ISBN978-4-14-081662-2 C0045